HERMANN VON HELMHOLTZ

GEDÄCHTNISSREDE

VON

EMIL DU BOIS-REYMOND

LEIPZIG
VERLAG VON VEIT & COMP.
1897

HERMANN VON HELMHOLTZ

GEDÄCHTNISSREDE

VON

EMIL DU BOIS-REYMOND

LEIPZIG
VERLAG VON VEIT & COMP.
1897

Druck von Metzger & Wittig in Leipzig.

Er ist nicht mehr! Wo immer auf Erden die Wissenschaft eine noch so bescheidene Stätte sich bereitete; wohin immer das elektrische Nervensystem der Culturmenschheit ihr Allgegenwart verlieh; wo dann an jenem verhängnissvollen Septemberabend zwei Männer sich begegneten, die noch so entfernt in irgend einer Beziehung zu irgend einem Punkt der Naturlehre standen: »Wissen Sie es schon?« war ihr bekümmerter Ausruf: »Wissen Sie es schon? Er ist nicht mehr!«

Wer war es, von dessen vorzeitigem Hingange die Welt dergestalt schmerzlich ergriffen war? War es ein auf der Menschheit Höhen gekrönt einherschreitender Sterblicher? Ein gewaltiger Staatsmann, dessen Génie und Charakter das Werk unserer Tage ruhmvoll aufrecht erhalten, ja fortführen zu können schien? Ein neuer Schlachtendenker, der an der Spitze von Hunderttausenden das Vaterland nöthigenfalls zu beschirmen, und ihm weithin hier Furcht, dort bewundernde Achtung zu sichern vermocht hätte? War es ein Künstler, dem unerhörte neue Schöpfungen im bildnerisch Schönen gelangen, oder ein Dichter, dessen Gestaltungen und Laute alle Gemüther erschütternd packten? Oder endlich ein Erfinder, der durch sinnreiche Anwendung der Naturkräfte die Macht und die Genüsse unseres Geschlechtes in's Unbegrenzte zu steigern versprach?

Oh nein, das Alles war es nicht. HERMANN VON HELMHOLTZ, denn von ihm ist die Rede, war einfach ein Forscher und Lehrer, und unserer Genossen Einer. Eine Wirkung nach aussen üben zu wollen, lag ihm ganz fern, und wenn das Geschick sie ihm in die Hand gab, wie in dem Falle des Augenspiegels, so geschah es nach dem FONTENELLE'schen Principe, dass grosse praktische Funde nicht absichtlich als solche gemacht werden, sondern meist als Folge idealer Bestrebungen nebenher sich ergeben. Was aber abgesehen von dieser rein theoretischen Natur seiner Arbeiten die Höhe seines Ruhmes und die allgemeine Theilnahme an seinem frühen Hinscheiden noch bedeutsamer erscheinen lässt, das ist die Richtung seiner wissenschaftlichen Thätigkeit. HELMHOLTZ ist der vollkommenste und höchste Typus des theoretischen Naturforschers. Nun können wir uns aber nicht verhehlen, dass wenigstens in Deutschland das Interesse der weitaus überwiegenden Mehrheit trotz dem unermesslichen Einflusse, den die Naturforschung nach allen Seiten auf das menschliche Leben übt, den geschichtlichen, litterarischen, künstlerischen Dingen fast ausschliesslich zugewendet ist und bleibt. Man frage sich nur, wie viele Gebildete, die sich nicht verzeihen würden, von einem Clavier- oder Geigen-Virtuosen nicht alles Erdenkliche zu wissen, keine Ahnung haben von der Grösse eines

Gauss, eines Faraday. Zum Theil erklärt sich die beispiellose Anerkennung, deren Helmholtz genoss, aus der gleich beispiellosen, den ganzen Kreis der theoretischen Naturforschung, von der physiologischen Anatomie bis zur Psychophysik umfassenden Mannigfaltigkeit seiner Leistungen, da denn unter den theoretischen Naturforschern von Fach selber kaum Einer war, dessen Arbeit nicht in irgend einer Art mit den seinigen zusammentraf. Allein was neben dieser erstaunlichen Vielseitigkeit ihm eine Überlegenheit sondergleichen verlieh, das war das unübertroffene Geschick, diejenigen Fragen auszufinden und siegreich zu beantworten, die an jedem Punkte gerade die wichtigsten waren und deren Behandlung den besten Erfolg versprach.

Der hervorragendste Zug in Helmholtz' wissenschaftlicher Gestalt ist indess neben so vielen anderen Gaben sein transscendentes mathematisches Talent. Dies Talent hat mit dem musikalischen Talent, mit welchem es oft und auch bei ihm vereint gefunden wird, das gemein, dass es schon in früher Jugend sich verräth, wovon auf der einen Seite Blaise Pascal, auf der anderen Mozart bekannte Beispiele sind. Von Helmholtz wissen wir durch ihn selber, dass er als Schüler im Gymnasium zu Potsdam — wo er am 31. August 1821 geboren war —, manches Mal, wenn die Classe Cicero oder Virgil las, welche beide ihn höchlichst langweilten, unter dem Tische den Gang der Strahlenbündel durch Teleskope berechnete und dabei schon einige optische Sätze fand, von denen in den Lehrbüchern nichts zu stehen pflegte, die ihm aber nachher bei der Construction des Augenspiegels nützlich wurden.

Von erblicher Herkunft des mathematischen Talentes ist bei ihm nicht füglich die Rede. HELMHOLTZ' Vater war Professor an demselben Gymnasium, von Fach Philologe und Philosoph, ein hoch intellectueller, freidenkender und gebildeter Mann, dessen Einfluss auf seinen Sohn aber vielmehr dahin ging, ihn zum Sprachstudium, zur Philosophie etwa im Sinne KANT's und FICHTE's, allenfalls zur Pflege der schönen Litteratur anzuhalten. Diesem Einfluss ist es wohl eher zuzuschreiben, dass HELMHOLTZ noch als Student die Fabeln des LOKMÂN in der Ursprache lesen konnte. Ebensowenig ist natürlich daran zu denken, dass jenes Talent ihm durch seine Mutter zugeflossen sei, von der wir nur wissen, dass sie, eine geborene PENNE, in männlicher Linie von dem bekannten amerikanischen Bürger WILLIAM PENN, in weiblicher aus einer zum *Refuge* gehörigen Familie SAUVAGE abstammte, so dass, wie die Brüder VON HUMBOLDT, HELMHOLTZ zum Theil französischen Ursprunges war.

Wenn nun aber dergestalt sein mächtiges Talent gleichsam durch Urzeugung entstand, so ist nicht weniger auffallend, dass es sich auch ganz selbständig weiter entwickelte, ohne dass ein bedeutender Lehrer ihm zu Hülfe kam und die Bahn wies. In der That ist nicht einmal etwas von einer mathematischen Vorlesung bekannt, die er gehört hätte. So in der Stille vollzog sich diese Entwickelung, dass BRÜCKE und ich, seine nächsten Freunde, während wir uns in die dem preussischen

Gymnasiasten heute bekanntlich höheren Ortes untersagte analytische Geometrie auf eigene Hand hineinarbeiteten, nichts von der ungeheuren Stärke ahnten, welche damals noch, wohl ihm selber halb unbewusst, in ihm schlummerte, sondern in ihm nur einen besonders gescheidten Mediciner erblickten.

Die Vermögensverhältnisse seiner Familie erlaubten nämlich unserem Hermann nicht — ausser ihm waren noch ein Bruder und zwei Schwestern zu versorgen — seinen geistigen Neigungen frei zu folgen. Es war ein merkwürdiges Schicksal, dass er, anstatt, wie es etwa jetzt der Fall sein würde, durch ein Stipendium dazu in Stand gesetzt zu werden, in das Königliche medicinisch-chirurgische Friedrich-Wilhelms-Institut Aufnahme fand, eine Anstalt, deren Zöglinge, zu Militär-Ärzten bestimmt, übrigens an der Universität gleich den Medicinstudirenden vom Civil die beste eben verfügbare Bildung erhalten, und dann im Charité-Krankenhause eine Zeit lang lehrreiche praktische Dienste thun; die Anstalt, aus welcher von bekannteren Forschern neuerlich Meyen und Reichert hervorgingen, und zur selben Zeit wie Helmholtz noch eine glänzende Zierde des gelehrten Berlins, unser Virchow. Ich sage, es war ein merkwürdiges Schicksal, welches Helmholtz diesen Weg führte, indem er so die Richtung und die natürliche Grundlage zu physiologischen Arbeiten erhielt, da er sonst wohl unzweifelhaft ein mathematischer Physiker ersten Ranges geworden wäre, aber schwerlich zugleich der tiefste Erforscher der Muskeln, Nerven und Sinnesorgane, ein Lehrer der Anatomie, der Physiologie und der Allgemeinen Pathologie, und nebenher sogar ein tüchtiger praktischer Arzt. Er selber wusste wohl, was er diesem Bildungsgange verdankte, und auch auf dem Gipfel wissenschaftlicher Höhe, zu dem er sich emporschwang, hörte er nicht auf, sich als Mediciner zu fühlen. »Ich betrachte das medicinische Studium«, sagte er in der von ihm am 2. August 1877 zur Feier des Stiftungstages der militärärztlichen Bildungsanstalten gehaltenen Rede über 'das Denken in der Medicin', »als diejenige Schule, welche mir eindringlicher und überzeugender, »als es irgend eine andere hätte thun können, die ewigen Grundsätze aller wissenschaftlichen Arbeit gepredigt hat, Grundsätze, so einfach und doch immer wieder vergessen, so klar und doch immer wieder mit täuschendem Schleier verhängt. . . . . . Die Medicin ist doch nun einmal das geistige Heimathsland, in dem ich herangewachsen bin, und auch der Auswanderer versteht und findet sich verstanden am besten in der Heimath«. Immerhin befand er sich als Elève der Pépinière in einer wundersam zwiespaltigen Lage: wenn er auf der einen Seite in der Bibliothek des Institutes D'ALEMBERT's *Traité de Dynamique* entdeckt und mit geistigem Heisshunger verschlingt, auf der anderen sich dem hinreissenden Zauber von JOHANNES MÜLLER's anatomisch-physiologischen Lehrvorträgen gefangen giebt, welcher naturgemäss für lange Zeit die Oberhand gewinnt.

So kommt es denn, dass seine erste, in seiner medicinischen Inaugural-Dissertation vom 2. November

1842 niedergelegte Arbeit — *De Fabrica Systematis nervosi Evertebratorum* — ihn uns als mikroskopisch-anatomischen Beobachter vorführt, indem er am Nervensystem von wirbellosen Thieren, vom Blutegel, Krebs u. a., den lange vergeblich gesuchten Zusammenhang der Nervenfasern mit den von EHRENBERG 1833 entdeckten Ganglienkugeln nachwies; ein von JOHANNES MÜLLER, dem die Dissertation gewidmet ist, als theoretisch nothwendig gefordertes Verhalten, welches seit Kurzem in neuer Gestalt die Histiologen wieder lebhaft in Anspruch nimmt. Es ist rührend zu vernehmen, wie HELMHOLTZ zu dem Mikroskope kam, mit welchem er diese denkwürdige Leistung vollbrachte. Im Charité-Krankenhause am Typhus daniederliegend, und als Elève unentgeltlich verpflegt, sah er sich als Reconvalescent im Besitze seiner aufgesparten kleinen Einkünfte. Mit diesen erwarb er das Mikroskop. Das Instrument war nicht schön; um so mehr gereicht ihm zum Ruhme, was ihm damit gelang.

Hier beginnt die unermessliche, dichtgedrängte, bis zu seinem Tode ununterbrochene Reihe seiner Arbeiten. Da diese oft kurz nach einander, ja zu gleicher Zeit ganz verschiedene Gegenstände betreffen, so ist es unausführbar, davon eine folgerichtige Darstellung zu geben, vollends diese mit der Erzählung seiner Lebensereignisse Schritt halten zu lassen. Es bleibt nichts übrig, als die Arbeiten ohne bestimmte Regel, ohne allzu strenge Rücksicht auf ihren Inhalt, auf Zeit und Ort ihrer Entstehung, sonst so zweckmässig wie möglich an einander zu reihen.

Wir machen den Anfang mit denen, zu welchen HELMHOLTZ einigermassen den Anstoss erhielt durch den Kreis von MÜLLER's Jüngern, in welchen er jetzt gerieth und mit dem ihn natürliche Sympathie verband, insofern diese jungen Leute, gleich ihm, wenn auch mit geringerer Befähigung, neben der Physiologie der Physik oblagen. In dem Colloquium bei ihrem Lehrer GUSTAV MAGNUS hatten sie sich mit anderen jungen Naturforschern, Physikern und Chemikern, zusammengefunden, hatten mit diesen die Physikalische Gesellschaft gegründet, und waren glücklich, ihr in HELMHOLTZ offenbar einen aufgehenden Stern erster Grösse zuführen zu können, der sich denn auch über ein Jahrzehnt lang an der Berichterstattung in den 'Fortschritten der Physik' für Thierische Wärme und für Akustik betheiligte. Die Physikalische Gesellschaft, sowohl als Ganzes, wie durch ihre einzelnen Mitglieder, hat für HELMHOLTZ' Entwickelung eine nicht zu unterschätzende Bedeutung gehabt, zum Beweise wofür es wohl genügt, neben den eigentlichen Stiftern der Gesellschaft, neben GUSTAV KARSTEN, BEETZ, BRÜCKE, HEINTZ, KNOBLAUCH und dem Redner, an die Namen CLAUSIUS, KIRCHHOFF, QUINCKE, WERNER SIEMENS, TYNDALL, WIEDEMANN u. A. zu erinnern. Ich kann nicht umhin, hier wiederholt zu betonen, dass es ein Fehler ist, der fortwährend begangen wird, und in den seltsamer Weise HELMHOLTZ selber verfällt, zu diesem Kreise von MÜLLER's Schülern auch LUDWIG zu zählen, der in Marburg lebte, nie bei MÜLLER hörte, und gerade das Verdienst hat, in dieser Vereinsamung selbständig das Befreiungswerk aus dem Vitalismus unternommen zu haben.

Es war die Zeit, da LIEBIG gegen die von SCHWANN und CAGNIARD-LATOUR entdeckte belebte Natur der Hefe und deren Rolle bei der weinigen Gährung zu Gunsten der rein chemischen Theorie von Gährung und Fäulniss, wie sie GAY-LUSSAC's Versuchen entnommen wurde, einen erbitterten Krieg führte. In MAGNUS' Privatlaboratorium wurde es HELMHOLTZ vergönnt, den Beweis zu liefern, dass unter Bedingungen, welche eine chemische Wirkung nicht, wohl aber eine solche durch geformte Fermente ausschliessen, Gährung und Fäulniss ausbleiben, woraus die belebte Natur der Fermente auf's Neue sich ergab. Während hier der Vitalismus scheinbar einen Sieg davontrug, bereitete sich von einer anderen Seite her, unter wesentlicher Beihülfe von HELMHOLTZ, eine Wendung vor, welche sein nahes Ende verkündete. Eine täglich sich mehrende Summe von Thatsachen und Einsichten hatte die Naturforschung gezwungen, die so lange gehegte Vorstellung von der Wärme als einem unwägbaren Stoff, zu deren Prüfung einst VOLTAIRE riesenhafte Versuche angestellt hatte, aufzugeben, und in der Wärme nur noch eine Art von innerer Bewegung der Materie zu erblicken. Auch ohne Flamme erschien neben Druck, Stoss und Reibung der Chemismus überall als Kraft- und Wärmequell. In diesem Sinne sehen wir HELMHOLTZ nun zunächst bemüht, bei der Muskelaction Stoffverbrauch wie auch Wärmeentwickelung nachzuweisen. Bei dem ersten Unternehmen ist er wohl minder glücklich gewesen, als wir ihn sonst zu finden gewohnt sind. Die Säurung der Muskeln beim Absterben und durch Tetanus entging ihm, doch hat er das Verdienst durch Experimentiren am Frosch die am Warmblüter aus dem Blutumlauf und dem schnellen Absterben entspringenden Schwierigkeiten, und durch Reizung der Muskeln mittels elektrischer Entladungsschläge etwaige elektrolytische Täuschungen vermieden zu haben. In der Untersuchung über Wärmeentwickelung bei der Muskelaction entfaltet er alsbald sein ausserordentliches technisches Vermögen. Wieder wendet er sich an »die alten Märtyrer der Wissenschaft, die Frösche«. Er lehrt mit deren Gliedmaassen in mit Wassergas gesättigten Räumen experimentiren, um Erkältung und Trockniss zu verhüten. Einen Thermomultiplicator von noch kaum dagewesener Empfindlichkeit verwandelte er durch empirische Graduation in ein Thermometer für tausendstel Grade. Indem er dann eine dreigliedrige Eisen-Neusilber-Säule in die Muskeln beider Oberschenkel so versenkte, dass sich je drei zusammengehörige Löthstellen in jedem Oberschenkel befanden, erhielt er beim Tetanisiren des einen Oberschenkels vom Rückenmark aus mittels eines Neef'schen Magnetelektromotors Anzeichen einer Temperaturerhöhung, welche zwar äusserst gering war, jedoch sicher von nichts herrühren konnte, als von Molecularprocessen in den Muskeln selber. An den Nerven war die entsprechende Wirkung, wenn überhaupt vorhanden, gegen die in den Muskeln verschwindend klein. In dieselbe Reihe von Arbeiten gehört auch der freilich nur theoretische, jedoch höchst gedankenreiche, Begriffe klärende und erweiternde Aufsatz über Thierische Wärme im Berliner 'Encyklopaedischen Wörterbuch der medicinischen Wissenschaften'.

Der diesen Arbeiten zu Grunde liegende Gedanke wurde, wie gesagt, damals vielfach gehegt, und war unter verschiedener Gestalt schon an's Licht getreten. Sadi Carnot, Clapeyron, Julius Robert Mayer, Holtzmann, Franz Ernst Neumann, Joule, Colding hatten ihn schon in einzelnen Fällen mit befriedigender Schärfe, sonst im Allgemeinen auf die blosse Anschauung hin gefasst und verfolgt, und zwischen den Naturvorgängen des Verschwindens und des Auftretens von Kraft eine Aequivalenz mit mehr oder weniger Wahrscheinlichkeit behauptet, wovon das kühnste Beispiel wohl George Stephenson's, des Erfinders des Eisenbahn-Dampfwagens, genialer Ausspruch ist, »die Kraft seiner Locomotive sei vor Millionen Jahren in den Steinkohlen auf Flaschen gezogenes Sonnenlicht«.

Hier nun ist es, wo Helmholtz mit einer That einsetzte, welche zuerst die allgemeine Aufmerksamkeit auf ihn lenkte, und im Laufe der Zeit weltberühmt wurde. Am 23. Juli 1847 trug er in der Physikalischen Gesellschaft seine Abhandlung 'über die Erhaltung der Kraft' vor, in welcher er sich zu unserem Erstaunen mit Einem Schlage als einen jeder Aufgabe gewachsenen Physico-Mathematiker offenbarte. Unter Erhaltung der Kraft als Bewegungsursache verstand er deren Constanz in der Physik in derselben Art, wie Constanz der Materie von

LAVOISIER als Fundamentalprincip der Chemie erkannt worden war. Er unternahm und vollbrachte es, durch das ganze Feld der hinreichend bekannten Naturerscheinungen die Erhaltung der Kraft mathematisch in der Form darzuthun, dass die Summe der lebendigen und von ihm sogenannten Spannkräfte constant sei. Er fand, dass die Richtigkeit dieses Gesetzes den höchsten Grad von Wahrscheinlichkeit für sich hat, insofern es »keiner der bisher bekannten Thatsachen der Naturwissenschaften widerspricht, von einer grossen Zahl derselben aber in einer auffallenden Weise bestätigt wird«.

Eine unmittelbare Folge davon ist die Unmöglichkeit eines *Perpetuum mobile*. Die sichere Begründung dieser Einsicht ist natürlich an und für sich eine Leistung vom höchsten Werth, allein an dieser Stelle hat sie für uns noch eine andere Bedeutung. HELMHOLTZ hatte nämlich schon als Knabe aus Gesprächen seines Vaters mit einem mathematischen Collegen von der Frage gehört, ob ein *Perpetuum mobile* möglich sei, und von den vielen vergeblichen Versuchen ein solches herzustellen. Als er später STAHL's Theorie der Lebenskraft kennen lernte, fand er, dass diese Theorie jedem lebenden Körper die Natur eines *Perpetuum mobile* beilegte.

Es wäre ein Wunder gewesen, wenn eine Aufstellung von so unermesslicher Tragweite, durch welche die materielle Welt zu einem verständlichen Mechanismus wird, ohne Gegenrede geblieben wäre. Die älteren Berliner Physiker, MAGNUS, DOVE, RIESS, wollten nichts davon wissen, selbst Mathematiker wie LEJEUNE-DIRICHLET und

Eisenstein schüttelten dazu den Kopf, nur Jacobi erwies sich einsichtiger. Poggendorff verweigerte die Aufnahme der Helmholtz'schen Schrift in seine Annalen aus dem Grunde, dass ihr rein theoretischer Inhalt nicht in deren Rahmen passe. Ich ging aber mit dem Manuscripte zu dem grosssinnigen Verleger meiner damals im Drucke befindlichen 'Untersuchungen über thierische Elektricität', Georg Ernst Reimer, und verbürgte mich bei ihm für den Werth der 'Erhaltung der Kraft'. Sofort wanderte sie in die berühmte Reimer'sche Druckerei, und Helmholtz erhielt sogar einen buchhändlerisch angemessenen Ehrensold. Was ihm aber vielleicht noch mehr Vergnügen machte, war, dass ihm von hoher militärischer Seite die wärmsten Lobsprüche gespendet wurden für die wichtige praktische Richtung, die er seinen Studien zu geben gewusst habe. Sein Gönner hatte nämlich geglaubt, dass es sich um die Erhaltung einer ganz anderen und für den Laien allerdings interessanteren Kraft handele, als der von Helmholtz gemeinten.

Von noch anderer Seite wurde nun zwar Richtigkeit und Wichtigkeit der Lehre zugegeben, jedoch, wie es zu gehen pflegt, Helmholtz das Verdienst abgesprochen, sie gefunden zu haben. Er sollte sie dem Heilbronner Arzte Julius Robert Mayer entlehnt haben, welcher fünf Jahre früher eine populäre Darstellung in ähnlichem Sinne gegeben, auch schon ein mechanisches Wärmeaequivalent herausgerechnet hatte. Diese Anklage hat sich, wie der Ruhm der Helmholtz'schen Abhandlung, bis auf den heutigen Tag erhalten, und wird von denen, die es lieben, das Strahlende zu schwärzen, gern geglaubt. Die Tadler bemerken nicht, dass sie dabei sich selber eine gröbliche Blösse geben. Man kann bedauern, dass Helmholtz in seiner Schrift es versäumt hat, seine Vorgänger in diesem Gebiete zu erwähnen, welche er übrigens versichert, nicht gekannt zu haben, und denen er später bemüht gewesen ist, Gerechtigkeit widerfahren zu lassen. Allein die Lehre von der Erhaltung der Kraft gehört Julius Robert Mayer gerade so wenig wie ihm. Sie ist, mathematisch ganz richtig formulirt, schon im Jahre 1686 von Leibniz ausgesprochen worden, sie findet sich sogar im Anschlusse an Leibniz 1742 von der Marquise du Châtelet in ihren *Institutions physiques adressées à Mr. son fils* so klar und bündig auseinandergesetzt, dass von dem, was sie sagt, nichts zu streichen, und dazu nichts, was sie damals hätte sagen können, hinzuzufügen ist. Es wäre hier nicht der Ort zu untersuchen, wie es hat kommen können, dass eine so grosse Erkenntniss, wie die Erhaltung der Kraft, nachdem sie während der ersten Hälfte des vorigen Jahrhunderts ein Gemeingut der Gelehrtenwelt gewesen war, dann so verloren ging, dass sie erst in unserer Zeit wiedergefunden wurde, und schliesslich von Helmholtz bis auf die ja wohl von Rankine herrührenden Namen der Potential- und der kinetischen Energie ihren endgültigen Ausdruck erhielt.

Helmholtz selber hat, während seines Aufenthaltes in Königsberg, in einem Vortrage ‘über die Wechselwirkung der Naturkräfte und die darauf bezüglichen neuesten Ermittelungen der Physik', eine gemeinfassliche Darstellung seiner Lehre gegeben, welche unter einer Fülle geistreicher Bemerkungen in unscheinbarer Form einen seiner grossartigsten Funde birgt. Eines der grössten Räthsel war nämlich bis zu ihm der Ursprung der Sonnenwärme, welche hienieden die beiden Kreisläufe unterhält, von deren einem, abgesehen vom Vulcanismus und von Ebbe und Fluth, alle unorganische Bewegung, von dem anderen alles Leben stammt, den Kreislauf des Wassers durch Wolkenbildung, Niederschläge und Ströme, und den Kreislauf des Lebens durch den Stoffwechsel der Pflanzen und Thiere. Einen grösseren Gegenstand giebt es nicht. Man wusste genau genug, wie heiss die Sonne sei und wieviel Wärmeeinheiten sie seit ungezählten Jahrtausenden unaufhörlich allerwärts entsende, aber keine irgend stichhaltige Vermuthung über deren Quell liess sich ausdenken. Bekanntlich hatten Kant und nach ihm Laplace ein anderes Problem gleicher Erhabenheit glücklich gelöst. Indem sie annahmen, dass die jetzt in der Sonne und den Planeten nebst ihren Trabanten vertheilte Materie vor undenklicher Zeit in Gestalt eines kreisenden Nebelballes den Raum erfüllte, von dessen Umfang die Bahn des äussersten Planeten noch weit entfernt bleibt, und dass diese Materie durch Gravitation allmählich den Mittelpunkten der heutigen Sonne und der Planeten sich näherte, hatten sie die Entstehung unseres Planetensystemes begreifen gelehrt, dessen Glieder fast sämmtlich in dem Sinne, wie einst jener Nebelball, um sich selber und um die Sonne sich drehen. An der Hand der mechanischen Wärmetheorie ergänzte jetzt HELMHOLTZ diese astronomische Conception, von der einer seiner populären Vorträge eine vortreffliche Darstellung giebt, zu einer physikalischen, indem er die Wärme berechnete, welche durch das Zusammenstürzen der Materie entstehen musste, sofern die durch die Potentiale aller Himmelskörper auf sich selber beim Anlangen in den Mittelpunkten der Sonne und der Planeten geleistete Verdichtungsarbeit in Wärme verwandelt wurde. Für die Sonne ergab sich so, auch wenn man ihr die grösste bekannte Wärmecapacität, die des Wassers, zuschrieb, die unvorstellbare Temperatur von 28611000 hundertheiligen Graden, was für alle ihre Leistungen eine genügende Erklärung gab, freilich mit dem wenig tröstlichen Ausblick auf eine Zeit, wo jene ursprüngliche Wärmemitgift der Sonne erschöpft sein wird, und der Menschheit das jüngste Gericht einer ewigen Eiszeit droht. Hinausgerückt wird dies durch Lord KELVIN, damals WILLIAM THOMSON, schon vorhergesehene Verhängniss, wie HELMHOLTZ bemerkte, dadurch, dass die Sonne bei ihrer Zusammenziehung in Folge der Abkühlung stets wieder einen gewissen Wärmezuschuss erhält. Beiläufig gesagt kein viel besserer Trost, als der, den hinzuzufügen er für nöthig hält: »Wie der Einzelne den Gedanken seines Todes ertragen muss, muss es auch das Geschlecht; aber es hat vor anderen untergegangenen Lebensformen höhere sittliche Aufgaben voraus, deren Träger es ist und mit deren Vollendung es seine Bestimmung erfüllt«.

Die Lehre von der Erhaltung der Kraft, oder, wie wir jetzt zu sagen vorziehen, der Energie, wurde aber auch in der Biologie von bahnbrechender Bedeutung. Sie erklärte den Stoffwechsel im Thierkörper, der dem Vitalismus stets eine unüberwindliche Schwierigkeit geboten hatte, und ertheilte dem Truggebilde einer Lebenskraft den letzten Stoss. Die Gruppe von Müller's Jüngern, zu der Helmholtz sich hielt, war es, welche, obschon zu den Füssen des Meisters sitzend, sich doch von seinen vitalistischen Träumereien losgesagt hatte und jenes Truggebilde nach allen Richtungen zu erschüttern sich bemühte. Ohne gerade polemisch aufzutreten, was seiner Natur fern lag, leistete Helmholtz diesen Bestrebungen den mächtigsten Vorschub, indem in der Lehre von der Erhaltung der Energie den Bekämpfern der Lebenskraft eine unschätzbare Bundesgenossin erwuchs.

Es kam Helmholtz sehr zu statten, dass damals den physikalischen Versuchsweisen durch die Einführung elektrischer Mechanismen eine bisher ungeahnte Bereicherung und Verfeinerung zu Theil ward. Pouillet hatte, ursprünglich zu artilleristischen Zwecken, eine Art angegeben die kürzesten Zeiträume mit vollendeter Genauigkeit durch den Ausschlag zu messen, welchen ein elektrischer Stromstoss einer Galvanometernadel ertheilt, unter der Voraussetzung, dass dessen Dauer gegen die Schwingungsdauer der Nadel verschwindet, und dass man Anfang und Ende des Zeitraumes mit denen des Stromstosses zusammenfallen lassen kann. Hier nun gab es wiederum ein Problem von höchstem Interesse zu lösen. Zwischen dem Augenblicke der Reizung eines Nerven und dem der Zuckung des zugehörigen Muskels, ja der durch Reflex übertragenen Zuckung, kann die gespannteste Aufmerksamkeit keinen Unterschied wahrnehmen. Doch muss ein solcher vorhanden sein, und es fehlte auch in früherer Zeit nicht ganz an Versuchen, dessen Dauer, oder, was auf dasselbe hinausläuft, die Fortpflanzungsgeschwindigkeit der Reizung im Nerven zu schätzen. Die Iatromathematiker von Montpellier glaubten, dass diese Geschwindigkeit zu der des Blutes in der Aorta sich so verhalten müsse, wie der Querschnitt der Aorta zu dem einer Nervenfaser, wonach sie über sechshundertmal grösser sein sollte als die des Lichtes. Haller legte die Anzahl der Schwingungen der Zunge beim Aussprechen des Buchstaben *R* zu Grunde, und gelangte durch eine Reihe von Schlüssen, deren jeder ein handgreiflicher Fehlschluss war, merkwürdigerweise zu einem Ergebniss, welches der Wirklichkeit, wie wir sie jetzt kennen, ziemlich nahe steht. Johannes Müller durchschaute natürlich die kindische Unvollkommenheit dieser Bemühungen, er schrieb aber wegen der Unmöglichkeit, mit blossem Auge einen Zeitunterschied zwischen Reizung und Zuckung wahrzunehmen, dem Nervenprincip wieder eine Geschwindigkeit von gleicher Ordnung mit der des Lichtes oder der Elektricität zu, und hielt daher, wegen der Kürze der Nervenbahnen in einem Thiere, deren experimentelle Bestimmung für unausführbar. Das war die Lage der Dinge, als Helmholtz sich ihrer mit jener unbegreiflichen Biegsamkeit des Talentes bemächtigte, vermöge welcher er sich an einem winzigen Froschpraeparat, wo es sich um Tausendstel von Secunden handelt, so vollkommen zu Hause fand, wie in den Welt- und Zeiträumen des Planetensystemes. Vor allen Dingen vervollkommnete er POUILLET's Methode, indem er an Stelle der empirischen Graduation der chronometrischen Bussole, womit jener sich begnügt hatte, ein theoretisch streng begründetes Verfahren setzte. Sein Versuchsplan war nun der, dass in demselben Augenblicke, wo ein Öffnungsinductionsstrom von verschwindender Dauer ein Nervmuskelpräparat reizte, der zeitmessende Strom geschlossen werden sollte, um nach der zu bestimmenden Zeit durch die Zuckung selber wieder geöffnet zu werden. In bewunderungswürdig sinnreicher und einfacher Art brachte HELMHOLTZ Beides zu Stande. Dann traf er solche Einrichtung, dass er die Reizung des Muskels bald an ihm selber, bald an einem ihm möglichst nahen, bald an einem möglichst weit von ihm entfernten Punkte des Nerven vornehmen konnte. Es zeigte sich, dass auch bei Reizung des Muskels selber die Zuckung nicht unmittelbar eintrat, sondern erst nach einem kleinen, aber doch merklichen Bruchtheil einer Secunde. Das war das bei dieser Gelegenheit entdeckte Latenzstadium der Reizung, womit der von EDUARD WEBER aufgestellte Unterschied zwischen organischer und animalischer Bewegung hinfällig ward. Die Verzögerung des Reizerfolges wuchs aber, wenn die Reizung am Nerven selber stattfand, und um so mehr, je entfernter vom Muskel er gereizt wurde.

Die Länge der Nervenstrecke zwischen den beiden Reizungspunkten, dividirt durch den Unterschied der beiden letzteren Zeiträume, ist die gesuchte Geschwindigkeit des Nervenprincipes, und zwar wurde sie über zehnmal kleiner gefunden als die Schallgeschwindigkeit in der Luft, so dass zunächst jede Verwandtschaft zwischen Nervenprincip und Elektricität abgeschnitten zu sein schien. Bei niederer Temperatur fiel die Geschwindigkeit noch kleiner aus.

Dabei blieb aber HELMHOLTZ nicht stehen. Der Begriff der durch eine Curve darstellbaren Function war seit Kurzem in seiner Umgebung rein theoretisch in die Biologie eingeführt worden, und schon hatte ihn auch LUDWIG durch die von JAMES WATT und THOMAS YOUNG erfundene autographische Methode mittels seines Kymographions für unsere Wissenschaft so fruchtbar gemacht, dass selbst deren äussere Gestalt, wie ein Blick in eine physiologische Abhandlung oder ein Handbuch vor und nach jener Zeit lehrt, eine ganz andere ward. LUDWIG liess so den Blutdruck in den Gefässen eines lebenden Thieres seine Schwankungen oder Wellen verzeichnen, daher der Name seines Apparates. HELMHOLTZ seinerseits construirte ein Myographion, an welchem ein Muskel seine Verkürzung mit solcher Treue aufschrieb, dass man nicht allein zum ersten Mal ein Bild von deren Gesetz erhielt, sondern dass auch durch die Verschiebung der vom Muskel selber, und von zwei Punkten des Nerven aus gezeichneten Curven gegen einander die dabei in Betracht kommenden Zeitverhältnisse mit aller Sicherheit wahrgenommen wurden.

Der Muskel zeichnete diese Curven mittels einer Stahlspitze auf einem berussten Glascylinder über einem weissen Grunde. Den dem Augenblick der Reizung entsprechenden Punkt auf dem Umfang des Cylinders erfuhr man, indem man den Muskel bei so langsam aus der Hand gedrehtem Cylinder reizte, dass der auf- und der absteigende Schenkel der Zuckungscurve mit einander zu einer senkrechten Geraden verschmolzen. Ein einziger Versuch, dessen Ergebniss HELMHOLTZ überdies noch leicht und sicher beliebig lange aufbewahren lehrte, liess so mit Einem Blick alles das erkennen, wozu es bei dem POUILLET'schen Verfahren einer ganzen Versuchsreihe bedurft hätte, und eine Fülle von Fragen drängte sich jetzt zur Beantwortung, an welche früher nicht einmal hatte gedacht werden können. So stellte HELMHOLTZ fest, dass die eine secundäre Zuckung erzeugende negative Schwankung des Muskelstromes früher eintritt als die Zusammenziehung des Muskels; dass der Elektrotonus der Nerven dagegen nicht später eintritt als der ihn erregende elektrische Strom. Er untersuchte was bei einer doppelten Reizung, d. h. bei zwei einander so dicht folgenden Reizungen sich begiebt, dass ihre Wirkungen sich summiren; endlich wann die reflectirten Zuckungen eintreten, von denen man früher meinte, dass sie von der Reizung durch gar keinen merklichen Zeitraum getrennt seien. Im geraden Widerspruch damit zeigte sich, dass bei den scheinbar blitzschnell eintretenden Strychninreflexen die Übertragung der Reizung im Rückenmarke eine mehr als zwölfmal so grosse Zeit beansprucht als die Leitung in den zu- und abführenden Nerven.

Dies Alles geschah noch am Frosch. Nun aber wandte sich Helmholtz auch an Muskeln und Nerven des lebenden Menschen, zuerst in der Weise, dass der Experimentirende auf eine augenblickliche elektrische Reizung einer mehr oder weniger vom Gehirne entfernten Hautstelle mit einer bestimmten Handlung zu antworten hatte, welche um so später eintrat, je länger die sensible Bahn zum Gehirne gewählt war. In später mit Hrn. N. Baxt aus Petersburg angestellten Versuchen wurde aber an einer motorischen Nervenbahn und den zugehörigen Muskeln ganz wie am Frosch verfahren, wobei sich, in vollkommener Übereinstimmung mit dem dort Wahrgenommenen, ergab, dass die Fortpflanzungsgeschwindigkeit der Reizung in den Nerven bei höherer Temperatur, beispielsweise des Armes, über doppelt so gross ausfiel, als bei niederer. Noch später wurde wiederum mit Hrn. Baxt die Zeit bestimmt, welche für das Bewusstwerden eines mehr oder minder zusammengesetzten Gesichtsbildes nöthig ist. Diese Versuche sind der Ausgangspunkt gewesen für die wichtigen Ermittelungen besonders von Donders über die Zeit, welche verschiedene Vorgänge im Gehirne für ihren Ablauf beanspruchen. Aus dieser Art von Bestimmungen und dem Weber-Fechner'schen Grundgesetze besteht zur Zeit das empirische Material der sogenannten Psychophysik. Übrigens hat Helmholtz das Ganze der von ihm hier erfundenen und meisterhaft angewandten Methoden der Messung kleinster Zeittheile und ihrer Anwendung für physiologische Zwecke zum Gegenstande eines gemeinfasslichen Vortrages gemacht.

Mittlerweile hatte Brücke die Anatomie des Auges in einem monumentalen Werke zu hoher Vollkommenheit gebracht. Zwei Entdeckungen waren es vorzüglich, durch die er dabei der physiologischen Optik neue Wege eröffnete, und einen mächtigen Fortschritt, wenn auch nicht selber vollendete, doch ermöglichte und anbahnte. Die erste dieser Entdeckungen war die Erkenntniss, dass der bis dahin als *Corpus ciliare* beschriebene Körper zwischen dem Schlemm'schen Kanal und der *Zonula Zinnii* ein Muskel von völlig gleicher Beschaffenheit mit der Iris sei. Mit mehr Emphase als man sonst bei ihm gewohnt ist, sagt Brücke: »der Muskel ist sehr leicht zu finden, denn er ist nichts anderes als der hellgraue Ring, welchen man auf der äusseren Fläche des vorderen Theiles der Chorioidea nach Ablösung der Sklerotika findet und der bis jetzt in der Anatomie unter dem Namen *Ligamentum ciliare*, *Orbiculus ciliaris*, *Circulus ciliaris*, *Plexus ciliaris*, *Ganglion ciliare* u. s. w. eine so traurige Rolle gespielt hat«. Wir nennen ihn nach seiner Function *Tensor Chorioideae* oder mit Donders seinem Entdecker zu Ehren *Musculus Brückianus*; seine physiologische Bedeutung hat Helmholtz aufgeklärt. Denn auch hier gab es ein fundamentales Problem zu lösen, welches seit langer Zeit den Bemühungen der ausgezeichnetsten Forscher getrotzt hatte, das Problem der Accommodation des Auges für das Sehen in verschiedene Entfernungen. Alle nur denkbaren Gestaltveränderungen, Verschiebungen, sogar substantiellen Wandlungen des Augapfels, bez. seiner Theile, waren seit KEPLER und SCHEINER zur Erklärung der Accommodation ersonnen und herangezogen worden. Einiges Richtige fand sich darunter, nichts hatte seiner Zeit völlig befriedigt, geschweige sich dauernd bewährt. Nur zweierlei stand fest. Durch einen classischen Versuch hatte THOMAS YOUNG bewiesen, dass keine Veränderung der Cornea die Accommodation begleite. Andererseits wusste man längst, dass bei der Accommodation für die Nähe die Pupille sich verengere, doch liess sich damit zur Erklärung des deutlichen Sehens in die Nähe nichts Rechtes anfangen. Dagegen hatten MAX LANGENBECK und der Holländer A. CRAMER in Groningen einen Weg betreten, der sie, namentlich den letzteren, über kurz oder lang wohl zum Ziele geführt hätte, wäre nicht HELMHOLTZ auf eben demselben Wege ihnen erfolgreich zuvorgekommen. Dieser Weg bestand darin, anstatt Gestaltveränderung oder Verschiebung der optischen Medien des Auges bei der Accommodation unmittelbar zu beobachten, vielmehr die von deren Flächen entworfenen drei Spiegelbilder, welche fälschlich statt nach PURKIŇE, nach dem englischen Augenarzte SANSON genannt werden, zum Gegenstande der Untersuchung zu machen. CRAMER hatte dazu ein Ophthalmoskop angegeben, HELMHOLTZ aber schuf mit siegreicher Überlegenheit sein Ophthalmometer, ein Instrument von astronomischer Feinheit, mit welchem er jene Bildchen so genau zu messen vermochte, dass sie ihm von der veränderlichen Krümmung der Augenmedien und ihrer Lage im Augapfel sichere Kunde brachten. Es ergab sich, dass die Linse im Zustande der Ruhe des Auges, wo es in die Ferne deutlich sieht, merkwürdigerweise nicht ihre natürliche Gestalt hat, sondern durch benachbarte Gebilde plattgedrückt gehalten wird, dass ihr aber durch den Zug des Brücke'schen Muskels gestattet wird, vermöge ihrer Elasticität ihre stärker gekrümmte natürliche Gestalt und grössere Dicke anzunehmen, und so das Auge für das Sehen in die Nähe zu befähigen. Die aus den Messungen berechnete optische Wirkung genügte zur Erklärung der Accommodation, und die ausgeschnittenen Krystalllinsen von Leichen zeigten dieselben Maasse wie die Linsen von Lebenden im accommodirten Auge.

Brücke's zweite Entdeckung betraf das sogenannte Leuchten der Augen. Es war natürlich jederzeit bekannt, dass die Augen gewisser Thiere, insbesondere der nächtlichen Räuber, wie Katzen und Eulen, im Dunkeln leuchten, und noch 1811 hatte unser Pallas davon die Erklärung gegeben: vielleicht sehe man dabei die nackte Elektricität der Nervenhaut — *forte nudum electrum retinae nervosae.* Aber schon Johannes Müller hatte überzeugend die Richtigkeit der Lehre Hassenstein's dargethan, dass die sogenannten leuchtenden Augen nicht wirklich leuchten, sondern nur Licht reflectiren, so dass sie in einem wahrhaft dunkeln Raume nicht leuchten, und es fand sich auch, dass die Nervenhaut der stärker leuchtenden Augen in einem sogenannten Tapetum einen hellen, zur Zurückwerfung des Lichtes besonders geeigneten Hintergrund habe. Brücke stellte nun zuvörderst die Art fest, wie man am besten die Augen leuchten sieht, nämlich indem man in einem sonst dunklen Raume eine Blendlaterne auf das zu beobachtende Auge richtet, und an ihr vorbei in das Auge blickt. So weit gekommen, begab er sich Nachts mit seiner Laterne in die Ställe des Zoologischen Gartens, und fand, dass er bei passender Stellung die Augen aller Thiere zum Leuchten bringen konnte. Diese Thatsache und gewisse Erinnerungen erweckten in ihm die Vermuthung, dass auch die Augen des Menschen leuchten möchten. Aus dem Hause seiner Pflegeeltern in Stralsund war ein Dienstmädchen entfernt worden, weil man dessen Augen hatte leuchten sehen, wodurch es ihnen unheimlich wurde. So liess er mich denn eines Abends ihm in passender Weise meine Augen darbieten, die auch wirklich die ersten menschlichen Augen waren, welche ein wisssenschaftlicher Beobachter zweckbewusst leuchten sah. Denn nun fand es sich, dass schon einer unserer Studiengenossen, Hr. Dr. Carl von Erlach aus Bern, welcher gelegentlich eine Hohlbrille trug, bei gewissen Stellungen ihrer Gläser die Augen von Menschen hatte leuchten sehen, was auch seitdem bei gehöriger Anleitung jedem Brillenträger gelang.

Damit begnügten wir uns; der weiter blickende und tiefer überlegende Helmholtz aber sagte sich, dass das von der Nervenhaut diffus reflectirte Licht mittels passender optischer Medien dazu gebracht werden könne, ein deutliches Bild zu entwerfen, und daraus ward, zunächst nach Analogie des GALILEI'schen Fernrohres, der Augenspiegel, der neben der Lehre von der Erhaltung der Kraft wohl am meisten dazu beigetragen hat, den Ruhm seines Erfinders zu begründen und zu verbreiten.

Noch nie hatte sich wie bei HELMHOLTZ die vollendetste Kenntniss der physikalisch-mathematischen Optik mit eben so genauer und lebendiger Anschauung der anatomischen Bedingungen des Sehens verbunden. In jener bewährte er sich nebenher als vollkommener Meister, indem er in der Theorie des Mikroskopes mit Hr. ABBE in Jena wetteiferte, und die theoretische Grenze für die Leistungsfähigkeit der Mikroskope zog, wie auch, indem er durch eine tiefgehende Untersuchung die erst unlängst von CHRISTIANSEN in Copenhagen entdeckte, von AUGUST KUNDT weiter verfolgte paradoxe Erscheinung der anomalen Dispersion auf Grund der SELLMEYER'schen Annahme verständlich machte, dass in den Äther ponderable, des Mitschwingens fähige Molekeln eingelagert sind. Von HELMHOLTZ' späteren, das Verhältniss zwischen Licht und Elektricität betreffenden optischen Arbeiten kann hier noch nicht die Rede sein. Interessant ist seine Äusserung, dass das Auge, trotz seiner bewundernswürdigen Leistungen, als optisches Werkzeug so voll arger Fehler sei, dass er einem Künstler, der ihm ein solches Instrument brächte, die Thür weisen würde. Nachdem er aber einmal, wie wir sahen, in der physiologischen Optik Fuss gefasst hatte, hörte er sobald nicht wieder auf, sich mit hervorragenden Punkten dieser ihn offenbar besonders fesselnden Disciplin zu beschäftigen. Sofort finden wir ihn bei dem Gegenstande thätig, der ihn lange auf das Lebhafteste beanspruchen sollte, bei der Zusammensetzung der Farben, besonders der Spectralfarben. Er klärte die Begriffe von der Farbenmischung auf, indem er zeigte, dass nicht, wie die Maler jederzeit glaubten, und wie jeder Schulknabe nach Aussage seines Tuschkastens beschwören würde, Gelb und Blau Grün geben, sondern Weiss. Er widerlegte Brewster's neue Analyse des Sonnenlichtes. Er machte das ultraviolette Licht sichtbar. Er berichtigte die Erklärung des Glanzes. Er studirte auf seine Weise Nachbilder und Farbenblindheit. Er zerstreute das Trugbild der Irradiation. Er entdeckte die Fluorescenz der Hornhaut, Linse und Netzhaut. Er bewältigte die schwierige Aufgabe der Augenbewegungen und ihrer Beziehungen zum binocularen Sehen, mit Inbegriff der sogenannten Raddrehung des Auges. Auch sie ist dem Willen unterworfen, sobald sie nöthig ist, »um der einzig möglichen Willensintention zu dienen, welche für die Augenbewegungen gebildet werden kann, nämlich die: einfach und deutlich zu sehen«. Er erfand das Telestereoskop. Es löste vollständig das altberühmte Problem des Horopters, von dessen hyperboloidaler Fläche einst Vieth und Johannes Müller einen einzelnen Kreis erkannt hatten. Er wiederbelebte endlich Thomas Young's Lehre von den drei Urfarben, als welche er Roth, Grün und Violet bestimmte.

Doch es ist unmöglich, ihm weiter in die unzähligen Einzelheiten zu folgen, mit welchen er die physiologische Optik bereicherte. Aber hier lernen wir mit Einem Male HELMHOLTZ von einer neuen Seite kennen. In einem umfangreichen, einheitlichen, doch auf das Feinste gegliederten Werke, seinem 'Handbuche der physiologischen Optik' stellte er diesen Zweig der Physiologie systematisch und litterar-geschichtlich in grösster Vollständigkeit dar, von den mathematischen Anfangsgründen der geometrischen Optik bis zu den letzten erkenntnisstheoretischen und ästhetischen Gesichtspunkten. Man kann ohne Übertreibung sagen, dass keine wissenschaftliche Litteratur irgend einer Nation ein Buch besitzt, welches diesem an die Seite gestellt werden kann, von welchem Herr Prof. ARTHUR KÖNIG die noch von HELMHOLTZ begonnene zweite Auflage vollenden wird; nur ein zweites Werk von HELMHOLTZ selber kann daneben genannt werden; nur er selber kam ihm selber gleich.

Man erräth, dass von seiner 'Lehre von den Tonempfindungen als physiologischer Grundlage für die Theorie der Musik' die Rede sein soll. Während er gänzlich in die physiologische Optik versenkt erschien, zeitigte er zugleich dies noch merkwürdigere Werk, merkwürdiger, weil es dem erfahrungsmässigen wie dem theoretischen Inhalt nach neuer und origineller erscheint, als das optische Seitenstück. Auch hier traten ihm zunächst gewisse physiologische Fragen entgegen, deren Interesse nicht wenig erhöht wurde theils durch das ehrwürdige Alter, welches sie ungelöst erreicht hatten, theils durch ihre Bedeutung für Musik und Sprachwissenschaft. Vor allen Dingen indess stellt er sich wieder als eben solcher Meister in der physikalischen Akustik dar, wie vorher in der physikalischen Optik. In einer umfangreichen Untersuchung von grenzenloser Tiefe giebt er eine Theorie der Luftschwingungen in Röhren mit offenen Enden, welche mit Berücksichtigung des von seinen Vorgängern vernachlässigten Überganges der Schwingungen in den freien Raum, wie auch der Reibung in der Luft und an den Wänden, besser als deren Bestimmungen mit der Erfahrung passt. Zu den von SORGE früh entdeckten Combinationstönen, die er als Differenztöne unterscheidet, fügt er eine zweite Classe, die der Summationstöne, deren Schwingungszahl gleich ist der Summe der primären Töne. Er findet, dass man es in den akustischen Untersuchungen mit Functionen zu thun hat, die unter gewissen Voraussetzungen in die Formen der elektrischen Potentialfunctionen übergehen und mit diesen eine ganze Reihe von interessanten Eigenschaften gemein haben.

Was nun jene in erster Linie sich zudrängenden physiologischen Fragen betrifft, so steht obenan die nach dem Wesen der fälschlich sogenannten Klangfarbe, deren Namen er jedoch beibehalten hat. Wenn die Stärke des Klanges von der Amplitude der Schwingungen, seine Höhe und Tiefe von deren Anzahl in der Zeiteinheit herrührt, so schien nichts näher zu liegen, als die Klangfarbe abhängig zu machen von der scheinbar letzten noch übrigen Variablen, der Gestalt der die

Schwingungen darstellenden periodischen Curve. Helmholtz fand eine andere schon von Willis vorbereitete und von Georg Simon Ohm weiter entwickelte Auskunft, indem er die Zusammensetzung der gewöhnlichen Klänge aus einem Grundton und einer in der Norm harmonischen Reihe von Obertönen darthat, welche durch einfach pendelartige oder sinusoide Schwingungen der Lufttheilchen zu Stande kommen, und durch ihre verschiedene Anzahl und relative Stärke die Klangfarbe bedingen. Als Typus von Klängen verschiedener Farbe erscheinen namentlich die durch dasselbe musikalische Instrument, den menschlichen Kehlkopf, erzeugten Vocale. Sie sind durch gewisse Eigentöne charakterisirt, welche zum Theil von der Gestaltung der Mundhöhle als des Ansatzrohres eines membranösen Zungenwerkes herrühren. Die doppelte Art, wie Helmholtz dies bewies, nämlich synthetisch durch den ihm vom Könige Maximilian von Bayern geschenkten Stimmgabelapparat, und analytisch mittels seiner Resonatoren, ist so allgemein bekannt, dass es genügt, hier daran zu erinnern. Bei der synthetischen Darstellung gesungener Vocale mittels der elektromagnetisch erregten Stimmgabeln konnte er die Phasen der Schwingungen der Obertöne ohne Einfluss auf die Klangfarbe gegen einander verschieben, eine wichtige Thatsache, woraus die Unrichtigkeit der Erklärung der Klangfarbe aus der Gestalt der Schwingungscurve sich besonders deutlich ergiebt, und auf welcher, wie Redner gezeigt hat, die Möglichkeit des Telephonirens beruht.

Von nicht leicht vorauszusehender Bedeutung und

3

bezeichnend für HELMHOLTZ' stets allumfassende Forschung ist nun aber seine Erläuterung der Function der Schnecke und der Akusticusfasern beim Hören überhaupt und insbesondere bei dem der Klangfarben. Seine Vorstellung knüpft an JOHANNES MÜLLER's berühmte Lehre von der specifischen Energie der Nerven an, welche so durch HELMHOLTZ endgültig aus den gesammten Nerven in die einzelnen Fasern und weiter in das Centralorgan verlegt wurde. Er denkt sich zunächst, dass jedes Element des CORTI'schen Organes oder, wie man jetzt annimmt, jede Falte der *Membrana basilaris* nur durch eine bestimmte sinusoide Schwingung in Mitschwingung versetzt wird. Die mit dem Element oder der Falte verbundene Akusticusfaser wird dadurch erregt und überträgt ihre Erregung auf eine zur Empfindung einer gewissen Tonhöhe vorgerichtete diminutive Provinz der seitdem durch Herrn HERMANN MUNK ermittelten Hörsphäre des Centralorganes. Der Vorgang in jeder Nervenfaser ist dabei qualitativ ganz und stets der nämliche, nur nach den Umständen quantitativ verschieden, entsprechend der Thatsache, dass alle Nervenfasern mikroskopisch, chemisch und physikalisch sich ganz gleich verhalten. Durch die Erregung jener bestimmten Provinz der Hörsphäre gelangt eben nur die bestimmte Sinusoide mit der entsprechenden Intensität zur Wahrnehmung. Bei Erregung mehrerer Elemente des CORTI'schen Organes oder mehrerer Basilarfalten werden gleichzeitig, obschon völlig von einander getrennt, die zugehörigen Akusticusfasern und weiterhin die entsprechenden Provinzen der Hörsphäre erregt, und so die betreffenden Sinusoiden, beispielsweise die Sinusoiden der charakteristischen Obertöne eines gegebenen Vocales, zur Wahrnehmung gebracht. Der ganze Mechanismus des Hörens wird dergestalt auf das Princip des Mitschwingens zurückgeführt. Es war ein glückliches Zusammentreffen, dass zur selben Zeit, wo HELMHOLTZ diese Dinge enträthselte, Herr VICTOR HENSEN in Kiel bei seinen Studien über das Gehörorgan der Dekapoden das von HELMHOLTZ mit geistigem Auge Gesehene mit leiblichem Auge zu sehen bekam. Er sah, wie von den Hörhärchen am Schwanze von *Mysis* gewisse Töne eines Klapphornes einzelne in starke Vibration versetzten, andere Töne andere Härchen. Durch die Beachtung der Obertöne berichtigte auch HELMHOLTZ die Grenze der Hörbarkeit tiefer Töne, indem er zeigte, wie sich durch die Obertöne der an sich unhörbaren Schwingungen die Beobachter, unter ihnen SAVART, hatten täuschen lassen.

Ein zweites fundamentales Problem, welches sich hier HELMHOLTZ darbot, ist die Deutung der bekanntlich schon von PYTHAGORAS gemachten Entdeckung, dass Schwingungen von einfachem Zahlenverhältniss, wie Octave, Duodecime, grosse Terz, einen angenehmen Eindruck hervorbringen, daher die Reihe der in solchem Verhältniss einander folgenden Obertöne harmonisch genannt wird, während die Töne von mehr verwickeltem Verhältniss der Schwingungszahl, wie die Septime, dissonant sind. Man pflegte davon die Erklärung zu geben, dass die Seele an dem einfachen Verhältniss der Schwingungen Vergnügen empfinde. Erst nach mehr

3*

als zweitausend Jahren hat HELMHOLTZ an die Stelle dieser, um das Geringste zu sagen, höchst unbefriedigenden Erklärung eine andere gesetzt. Er hat beobachtet, dass die Obertöne der consonirenden Töne mit denen des Grundtones entweder noch zusammenfallen oder mit ihnen harmonisch erklingen, dagegen die Obertöne der dissonirenden Grundtöne Schwebungen erzeugen, welche dem Ohr einen widrigen Eindruck machen, wie dem Auge das unerträgliche Flackern eines Lichtes. Unläugbar ist so ein wichtiger Unterschied zwischen Consonanz und Dissonanz aufgedeckt. Doch verdient zweierlei bemerkt zu werden, erstens dass man den himmlischen Wohlklang eines KÖNIG'schen Stimmgabel-Accordes noch vernimmt und im Wesentlichen ungestört geniesst, wenn auch dicht daneben gefeilt, gesägt oder gehämmert wird, zweitens dass auch zugegeben, dass die Schwebungen der Grund der Dissonanz seien, dadurch doch nur erklärt würde, weshalb dissonirende Töne unangenehm, nicht aber, weshalb consonirende angenehm seien, so dass unmusikalischerseits gespöttelt werden konnte, HELMHOLTZ habe ja wohl jetzt erklärt, weshalb nicht alle Musik unangenehm sei.

Wie dem auch sei, auf seiner erschöpfenden Kenntniss der bis zu ihm nur unvollständig beobachteten Partial- oder Obertöne führte nun HELMHOLTZ ein System der Akustik in physikalisch-mathematischer, physiologischer und ästhetischer Hinsicht auf, von welchem hier eine einigermassen zutreffende Darstellung zu geben auch dann kaum möglich sein würde, wenn der Gegenstand dem Redner so vertraut wäre, wie er ihm leider, wenigstens in der letzten Richtung, fremd geblieben ist. Wie in der Optik kann hier nur erinnert werden an einige der hervorragendsten Leistungen, durch die auch auf diesem Gebiete HELMHOLTZ' Name der Geschichte der Wissenschaft unauslöschlich eingeprägt ist. Der Physiko-Mathematiker HELMHOLTZ, welcher in den Beilagen zu dem in Rede stehenden Werke sich in den höchsten rechnerischen Regionen ergeht, legt zunächst, durch seine medicinische Schulung befähigt, selber Hand an die überaus schwierige feinere Anatomie des inneren Ohres, und erläutert mittels der von ihm beschriebenen und verstandenen Einrichtungen den Mechanismus der Schwingungen des Trommelfelles und der Gehörknöchelchen. Das Gelenk zwischen Amboss und Hammer vergleicht er den Gelenken der mit Sperrzähnen versehenen Uhrschlüssel, welche in einer Richtung frei drehbar, in der anderen, wenn sich ihre Sperrzähne auf einander stemmen, nicht die kleinste Drehung erlauben. Die Folge davon ist, dass, wenn der Hammer mit seinem Stiel nach innen gezogen wird, er den Amboss fest packt und mitnimmt. Wird er nach aussen getrieben, so braucht der Amboss nicht mitzugehen. Dies hat den sehr grossen Vortheil, dass der Steigbügel nicht aus dem ovalen Fenster gerissen werden kann, wenn die Luft im Gehörgang erheblich verdünnt wird. Eintreibung des Hammers durch Verdichtung der Luft im Gehörgange ist ebenfalls ohne Gefahr, da sie durch die Spannung des trichterförmig eingezogenen Trommelfelles selber kräftig gehemmt wird. Nicht minder tief und fein hat HELMHOLTZ die Bewegungsart des Trommelfelles ergründet, wovon sich aber ohne Abbildungen keine Vorstellung geben lässt.

Die Musik betreffend führt HELMHOLTZ in die Lehre von der Melodie den Begriff der Klangverwandtschaft ein, welche darin besteht, dass zwei Klänge gleiche Partialtöne haben. Doch vermisst man ungern die Erörterung der Rolle, welche der Rhythmus oder Takt in der Melodie spielt. Nach einem von LISSAJOUS gemachten Anfang construirt er ein Vibrationsmikroskop, mittels dessen er die merkwürdige Schwingungsform der Violinsaiten festzustellen vermag. Er lehrt einfache Töne herstellen und ein Harmonium in natürlicher reiner Stimmung bauen. Er entwickelt die schon von DOVE vervollkommnete Sirene CAGNIARD-LATOUR's zu seiner mehrstimmigen Sirene. Dabei beherrscht er vollständig die Geschichte der Musik in ihrer Erscheinung zu verschiedenen Zeiten und bei verschiedenen Völkern. Die Lehre von den Tonleitern und den Tonarten, die Gesetze der Stimmführung, allgemeine Betrachtungen über das Wesen des musikalischen Genusses beschliessen das Werk. Von seiner Thätigkeit während dieser seiner Arbeitsperiode giebt es ein Bild, dass er gelegentlich des Telephones mir schrieb, »die Sache sei ihm so selbstverständlich erschienen, dass er es nicht für nöthig gehalten habe, eine Theorie davon zu geben; aber freilich, er sei Jahre lang mit FOURIER'schen Reihen im Kopf zu Bett gegangen und wieder aufgestanden, und dürfe in diesem Falle keinen Schluss von sich auf Andere machen«. Von welchen Abenden jedoch wohl die auszunehmen sind, an denen er auf dem von den HH. Steinway in New York in begeisterter Anerkennung seiner Verdienste um die Musik ihm verehrten Flügel durch Bach'sche Fugen seinen rastlos arbeitenden Verstand zur Ruhe gewiegt hatte, oder wo er den köstlichen Versuch anstellte, eine geübte Sängerin in den Flügel bei gehobenem Dämpfer auf irgend einen Saitenton die Reihe der Vocale kräftig singen zu lassen, die dann der Flügel wieder aus sich heraus singt.

Zu Helmholtz' physiologisch-akustischen Studien gehören noch seine Versuche über das schon von dem alten Grimaldi, später von Wollaston und Paul Erman beobachtete, die Muskelzusammenziehung begleitende Geräusch. Trotz seiner Bedeutung für die Lehre von den Herztönen wurde es erst von Helmholtz genauer untersucht, welcher zunächst zeigte, dass der willkürlich tetanisirte Muskel 18—20 Stösse in der Secunde giebt, so dass nur seine Obertöne hörbar sind. Dann aber den elektrisch tetanisirten Muskel behorchend vernahm er den Ton des in einem durch zwei geschlossene Thüren getrennten Zimmer befindlichen, 240 Schwingungen vollziehenden Inductoriums. So wurde Eduard Weber's auch schon durch den secundären Tetanus untergrabene Auffassung des Tetanus als eines zweiten Gleichgewichtszustandes der Muskelsubstanz vollends unmöglich gemacht, und die innere Arbeit des tetanisirten Muskels auf's Neue erwiesen.

Es wird hier der beste Ort sein, um von einigen kleineren physiologischen Arbeiten Helmholtz' Nachricht zu geben. So sei denn angeführt, wie er in einem Anfall von Heufieber, woran er zu leiden pflegte, pathogene Algen auf seiner eigenen Nasenschleimhaut nachwies, und mit Chinin erfolgreich bekämpfte, zu einer Zeit, wo von Antisepsis noch kaum die Rede war; wie er die Temperaturerhöhung seines eigenen Körpers durch das Besteigen des Königsstuhles von Heidelberg aus durch die höhere Temperatur des auf dem Gipfel gelassenen Harnes mass; wie er sich mit Lord Kelvin in dem Vorschlage begegnete, die Schwierigkeit der Urzeugung auf Erden durch das Herüberfliegen von Keimen in Meteoriten aus schon belebten Welten zu beseitigen; endlich wie er in die seit Hamberger und Haller schwebende Controverse über die Function der Zwischenrippenmuskeln eingriff, und die Wirkungen der Muskeln der oberen Extremität einer genauen Musterung unterwarf, unter Anderem auf die bisher nicht beachtete Rotation der ersten Phalangen um ihre eigene Axe aufmerksam machte, welche bei gebogener Stellung durch die *M. interossei* zu Stande kommt.

Wenn wir nun zu elektrischen Untersuchungen unseres Forschers übergehen, so ist zunächst wieder zu bemerken, dass auch in diesem Felde physiologische Fragen anfänglich seinen Gang bestimmten. Er war Zeuge und Theilnehmer meiner Versuche über thierische Elektricität gewesen, und hatte sich sogar bemüht, aus Silber in Silbersalzlösung unpolarisirbare Elektroden herzustellen, was nicht gelang. Die einzigen seitdem entdeckten unpolarisirbaren Elektroden aus verquicktem Zink in Zinklösung sind theoretisch unverständlich, konnten folglich auch nicht theoretisch vorhergesehen, sondern nur durch glücklichen Zufall gefunden werden. HELMHOLTZ hat die Ergebnisse meiner Versuche in einem eigenen gemeinfasslich gehaltenen Aufsatze zusammengestellt. Ich stiess bei diesen Untersuchungen fortwährend und überall auf die Aufgabe, in unregelmässig gestalteten Leitern, in denen elektromotorische Kräfte thätig gedacht werden, die daraus entspringende Stromvertheilung zu erschliessen. Die Gesetze der Stromvertheilung in nicht prismatischen Leitern waren zwar schon durch KIRCHHOFF für zwei, durch WILLEM SMAASEN für drei Dimensionen ermittelt worden, doch reichte dies nicht hin, um sich in so verwickelten Verhältnissen, wie die der thierischen Erreger, zurechtzufinden. Es handelte sich darum, aus der anderweitig gerechtfertigten Annahme den Muskel erfüllender peripolar-elektromotorischer Molekeln die an seiner Oberfläche hervortretenden Potentialunterschiede abzuleiten. Dies gelang wohl für die Ströme zwischen Längs- und Querschnitt, nicht aber für die sogenannten schwachen Ströme zwischen Punkten des Längsschnittes oder des Querschnittes allein. Diesem Widerspruch zwischen Theorie und Erfahrung stand ich um so rathloser gegenüber, als die scheinbar gesetzwidrigen Ströme auch an meinen elektromotorischen Muskelmodellen aus Kupfer, Zink und verdünnter Schwefelsäure sich kundgaben.

Hier nun kam mir HELMHOLTZ' überlegene Zergliederung zu Hülfe. Durch Weiterentwickelung der Lehre von der Stromvertheilung in nicht prismatischen Leitern gelangte er zu mehreren Sätzen, von denen an dieser Stelle nur das Princip der elektromotorischen Oberfläche und das Theorem von der gleichen gegenseitigen Wirkung zweier elektromotorischer Flächenelemente erwähnt werden können, mittels welcher die früher unüberwindlichen Aufgaben fast zu elementaren wurden. An ihrer Hand zeigte er, dass bei meiner Annahme die ganze Muskelmasse durchsetzender überall gleich starker peripolar-elektromotorischer Molekeln in der That keine schwachen Ströme am Längsschnitt und am Querschnitt zu Stande kommen dürften, und dass auch nicht, wie ich gefunden hatte, der Potentialunterschied zwischen Längs- und Querschnitt mit den Dimensionen des Muskels wachsen würde. Er deutete aber zugleich an, dass diese Abweichungen zwischen den Thatsachen und meiner Vermuthung über den elektromotorischen Bau des Muskels einfach daher rühren könnten, dass »die oberflächlichen Theile der thierischen Gebilde, welche der Eintrocknung, der Berührung der Luft und fremdartiger Flüssigkeiten ausgesetzt sind, ihre elektromotorischen Kräfte nicht ungeschwächt erhalten«, und dass diese Kräfte vielleicht, sicher aber die der Muskelmodelle, durch Polarisation inconstant seien, wodurch gleichfalls jene Abweichungen erklärt würden. Durch meine Versuche über die innere Polarisirbarkeit der Muskeln und ihre von Hrn. LUDIMAR HERMANN festgestellte Oberflächenzehrung ist somit die früher hier waltende Schwierigkeit gehoben.

Es ist mir, beiläufig gesagt, unverständlich, wie der verstorbene DONDERS in einer HELMHOLTZ gewidmeten Festrede ihm als ein ganz besonders bewundernswerthes Verdienst habe anrechnen können, dass er schon in der Art, wie später ein bekannter Physiologe, die Praeexistenz der elektrischen Kräfte des Muskels geläugnet habe. HELMHOLTZ giebt allerdings an, dass am unverletzten Muskel zwischen Längsschnitt und natürlichem Querschnitt kein Strom nachweisbar sei, übersieht aber dabei, wie er mir mündlich bedauernd zugestand, dass dies auf einem Missverständniss beruhe, und nur ein seltener Ausnahmefall sei; dass man vielmehr den unversehrten natürlichen Querschnitt bald schwach negativ, bald unwirkam, bald sogar schwächer positiv gegen den Längsschnitt finde. So wenig dachte aber HELMHOLTZ daran, die Praeexistenz der elektrischen Muskelkräfte zu läugnen, dass er im Gegentheil in dem hier in Rede stehenden Aufsatze meine Hypothese peripolar-elektromotorischer Molekeln als Ursache des Muskelstromes vollständig gelten lässt, emphatisch billigt, und sogar unumwunden es ausspricht: »dass . . . die elektrischen Kräfte der stromumflossenen Molekeln in einer Theorie ihrer Bewegungen mit in Betracht gezogen werden müssen, versteht sich von selbst«. Ja noch mehr, HELMHOLTZ hat offenbar ausdrücklich darüber nachgedacht, wie dies wohl am Besten geschehen könne, und hat auch wirklich eine seiner ganz würdige, ungemein sinnreiche und ansprechende Vermuthung über die Theilnahme der elektromotorischen Kräfte der Molekeln an der Zusammenziehung, mit Berücksichtigung der negativen Schwankung, zu Stande gebracht, welche er mir gleichsam zum Geschenk machte und zur Publication überliess, da ich sie denn bei nächster Gelegenheit veröffentlichen werde.

Helmholtz war es, der, um meine thierisch-elektrischen Versuche seinen Königsberger Zuhörern vorzuführen, zuerst das so schöne und so nützlich gewordene Verfahren anwandte, einen mit dem astatischen Systeme verbundenen Spiegel einen Lichtstrahl auf eine an der Wand befindliche weithin sichtbare Theilung zurückwerfen zu lassen. Ihm gelang es auch, an dem bekannten Schlitteninductorium eine wesentliche Verbesserung anzubringen, nämlich die physiologischen Wirkungen des Schliessungs- und des Öffnungs-Inductionsstromes nach Bedürfniss einander dadurch gleich zu machen, dass der Wagner'sche Hammer nicht durch Schliessen und Öffnen des primären Stromes, sondern durch Öffnen und Schliessen einer Nebenleitung zu diesem Strom in Gang erhalten wird, so dass der durch das Verschwinden des primären Stromes inducirte Extracurrent das Sinken des Stromes ebenso verzögert, wie der durch das Entstehen inducirte sein Ansteigen.

Eine elektrische Arbeit unseres Forschers sodann, welche ihn immer noch in naher Beziehung zur Physiologie zeigt, ist seine Theorie der Dauer und des Verlaufes der so vielfach physiologisch und therapeutisch angewandten Inductionsströme. Er berichtigt dabei einen Fehler, in welchen Marianini und ich selber in Folge mangelhafter Isolation an unseren Inductorien verfallen waren, indem wir fanden, dass in der secundären Rolle noch ein Strom entsteht, auch wenn sie erst eine gewisse Zeit nach dem Öffnen der primären Rolle geschlossen wird. In Hinblick auf die Umgestaltung des Wagner'schen Hammers habe ich übrigens die Helmholtz'sche Theorie auf den Fall ausgedehnt, dass die Induction durch Öffnen und Schliessen einer Nebenleitung zu Stande kommt. Hier knüpfen sich Untersuchungen an über die physiologische Wirkung kurz dauernder elektrischer Schläge im Inneren von ausgedehnten leitenden Massen, über elektrische Oscillationen und über die Gesetze der inconstanten elektrischen Ströme in körperlich ausgedehnten Leitern. Helmholtz wurde dazu geführt theils durch die Ergebnisse an Froschpraeparaten, theils durch die Erfahrungen der Elektrotherapeuten, und wohl auch durch gewisse Versuche von Brücke am Menschen. Hierher gehört nebenher ein Unternehmen, welches er nicht zu Ende brachte, weil ihm Kirchhoff darin zuvorkam, nämlich die numerische Bestimmung der in den Formeln von F. E. Neumann und von W. Weber vorkommenden Constanten ε, von welcher die Intensität inducirter elektrischer Ströme abhängt. Ich erwähne dies, weil bei dieser Gelegenheit sich uns wieder die erstaunliche Vielseitigkeit und Beweglichkeit seines wissenschaftlichen Interesses offenbarte. Von den zu jener Bestimmung nöthigen Rechnungen und Versuchen erholte er sich von Zeit zu Zeit, indem er mit dem Fernrohr aus dem Fenster seines in einem Thürmchen an der Dorotheen- und Sommerstrassen-Ecke gelegenen Laboratoriums die

Bewegungen der durch das Brandenburger Thor aus- und eingehenden Personen beobachtete und sie mit den Darstellungen in dem classischen WEBER'schen Werke über die menschlichen Gehwerkzeuge verglich. Er entdeckte in der Art, wie die WEBER'schen Figuren den Fuss aufsetzen, einen Fehler von einiger praktischen Bedeutung, sofern daraufhin Tausende von Recruten zu unnatürlicher Haltung ihrer Füsse beim Parademarsch gezwungen werden, und seine Bemerkung wurde lange nachher durch die Augenblicksphotographie bestätigt.

Es folgen nun elektrische Arbeiten, welche sich mehr auf die Entstehung von Strömen und auf deren Wirkungen im Kreise selber beziehen: über galvanische Polarisation in gasfreien Flüssigkeiten, über die Elektrolyse des Wassers, über galvanische Ströme verursacht durch Concentrationsunterschiede, mit Folgerungen aus der mechanischen Wärmetheorie; über elektrische Grenzschichten, über Bewegungsströme am polarisirten Platin, über galvanische Polarisation des Quecksilbers und darauf bezügliche neue Versuche des Prof. ARTHUR KÖNIG, wobei das LIPPMANN'sche Capillarelektrometer zur Sprache kommt. Hier tritt naturgemäss die mathematische Behandlung etwas zurück gegen die inductorisch-experimentelle, da wir denn HELMHOLTZ auch in solcher Forschung als Meister bewundern lernen. Der Grundgedanke, der in diesen Arbeiten immer wieder durchblickt, ist die Erhaltung der Energie auch unter oft sehr dunklen und verwickelten Bedingungen. Eine neue elektrische Versuchsweise schuf HELMHOLTZ, indem er aus der Wärmelehre in die Elektricitätslehre den Begriff der Convection übertrug, worunter er hier dem dortigen Gebrauch entsprechend die Fortführung der Elektricität durch Bewegung ihrer ponderablen Träger versteht. Sie wurde in seinem Laboratorium durch Hrn. Henry A. Rowland in's Werk gesetzt; ihre Bedeutung besteht unter Anderem darin, dass die so gewonnenen Convectionsströme gleichsam ein Surrogat liefern für die Elektricitätsbewegung in ungeschlossenen Leitern, und dadurch zur Entscheidung wichtiger theoretischer Fragen die Möglichkeit eröffnen, hinsichtlich deren, wie Helmholtz sagt, noch die üppigste Flora von Hypothesen wuchert. Eine andere Gattung von Convectionsströmen sind die elektrolytischen, bei welchen in der elektrolytischen Flüssigkeit gelöste Gase eine Rolle spielen, worauf hier nicht näher eingegangen werden kann.

Ein weiteres neues Moment in Helmholtz' Polarisationsarbeiten wurde ihm durch die von Thomas Graham entdeckte Occlusion der Gase in Metallen, besonders des Wasserstoffes in Platin und Palladium, geboten. Am schönsten und einfachsten springt dieser wunderbare Erfolg in die Augen in dem von Helmholtz dem Dr. Elihu Root aus Boston in die Hand gegebenen Versuche, ob der durch Elektrolyse gegen die eine Seite einer dünnen Platinplatte geführte Wasserstoff nach einiger Zeit sich auch an der entgegengesetzten Seite dadurch bemerkbar machen würde, dass er auch dort galvanische Polarisation hervorbringe, d. h. das Platin positiver erscheinen lasse: wie sich das in der That herausstellte.

Hier schliesst sich eine längere Reihe von mathematisch-physikalischen Abhandlungen über die Theorie der Elektrodynamik an. Es handelt sich darin vorwiegend um die Vergleichung der verschiedenen für die elektrodynamischen Kräfte aufgestellten Gesetze, des Ampère'schen und des Neumann'schen, sowie des auf einer bisher in der Physik unbekannten Vorstellungsweise beruhenden Weber'schen Gesetzes, welches nämlich die Fernkräfte der Elektricität ausser von deren Entfernung und Menge von ihrer Geschwindigkeit und ihrer relativen Beschleunigung abhängen lässt. In wiederholten Auseinandersetzungen zeigt Helmholtz, dass dies letztere Gesetz unhaltbar ist, indem es, im Widerspruch mit der Erhaltung der Energie, das Gleichgewicht der ruhenden Elektricität zu einem labilen macht, und weiterhin zu unendlicher Geschwindigkeit und zu noch anderen Unmöglichkeiten führt. Er spricht sich, unter gewissen Vorbehalten, für das Neumann'sche Potentialgesetz aus, und übt gelegentlich an einigen Gegnern eine sonst nicht in seinen Gewohnheiten liegende Kritik. Die Theorie der ungeschlossenen Ströme und der sogenannten Gleitstellen wird erörtert, und der Begriff der ponderomotorischen Kräfte im Gegensatz zu solchen, welche nur zwischen elektrischen Theilchen thätig sind, wird eingeführt. In diese Gruppe von Arbeiten gehört auch noch eine Studie über absolute Maasssysteme für elektrische und magnetische Grössen und deren Dimensionen.

So weit etwa reicht bei ihm und überwiegt offenbar noch die alte Lehre von der Elektricität, wie sie durch

Coulomb im Anschluss an die Newton'sche Gravitation, und unter dem Anschein entstanden war, dass die elektrischen Fernkräfte sich gleich der Schwere durch den leeren Raum fortpflanzen, und dass ihre Leistung mit dem Product der auf einander wirkenden Elektricitätsmengen wächst, mit der Entfernung in dem Maass abnimmt, wie deren Quadrat zunimmt. Mittlerweile hatte jenes ausserordentliche experimentelle Génie, welches angeblich zwar kein Binom zu quadriren verstand, aber des tiefsten Einblicks in die Naturgeheimnisse theilhaftig war, Faraday hatte sich, auf Newton selber sich berufend, über die seit einem Jahrhundert herrschende Gravitationslehre abfällig geäussert, und an Stelle der nach deren Vorbild aufgestellten Lehre von der Elektricität und dem Magnetismus polarisirte Kraftlinien gesetzt und nachgewiesen. Ein Mathematiker ersten Ranges, in diesem Felde Helmholtz wohl ebenbürtig zu nennen, James Clerk Maxwell, hatte diese Theorie, die sich kurz als die der dielektrischen Polarisation beschreiben lässt, in eine mathematische Form gegossen, und zu der Theorie des Lichtes in der Art in Beziehung gebracht, dass beide, Licht und Elektricität, fortan auf Ätherschwingungen als auf den nämlichen letzten Grund zurückgeführt, und als wesentlich einerlei erkannt waren. Noch fehlte für diese Synthese der handgreifliche, experimentelle Beweis. Wenn er nicht von Helmholtz selber geliefert wurde, so geschah es doch durch denjenigen seiner Schüler, der ihm in diesem Gebiete nach Richtung und vielleicht nach Begabung am nächsten stand, durch den leider kurz nach

4

dem hier von ihm erfochtenen Siege verstorbenen HEINRICH HERTZ. Dieser zeigte, dass von elektrischen Funken ausgehende Strahlungen ganz wie die Ätherschwingungen des Lichtes interferiren, reflectirt, gebrochen und polarisirt werden; sie pflanzen sich mit einer der des Lichtes vergleichbaren, wenn nicht gleichen Geschwindigkeit fort; genug, sie sind transversale Ätherschwingungen gleich denen des Lichtes, nur ungleich länger. HELMHOLTZ hat sich denn auch in seinen späteren Arbeiten der FARADAY-MAXWELL'schen Theorie rückhaltlos angeschlossen, ja er hat die elektrische Theorie des Lichtes in einem wichtigen Punkte vervollständigt, indem er die elektromagnetische Theorie der Farbenzerstreuung entwickelte, wobei er die zur Erklärung der anomalen Dispersion schon früher von ihm angenommene SELLMEYER'sche Hypothese von ponderablen, des Mitschwingens fähigen Molekeln im Äther zu Grunde legt. Er hat auch in einem vor der *Chemical Society* gehaltenen Vortrage FARADAY's neue Auffassung der Elektricität dargestellt, und zugleich die elektrische Theorie der chemischen Verbindungen und die Theorie der Elektrolyse in ihrer neuen Gestalt abgeleitet, wobei er als Grundvoraussetzungen das Gesetz von der Constanz der Energie und die strenge Gültigkeit von FARADAY's elektrolytischem Gesetze festhielt. Letzterem entsprechend kann Elektricität aus der Flüssigkeit an die Elektroden nur unter äquivalenter chemischer Zersetzung übergehen, was aber nur dann möglich ist, wenn die Zerlegung der chemischen Verbindungen durch die vorhandenen elektrischen Kräfte geleistet werden kann. Dass diese hierzu ausreichen, ergiebt sich aus der von HELMHOLTZ berechneten überraschenden Grösse der bei diesen Processen ausgetauschten elektrischen Äquivalente.

HELMHOLTZ hat später, als das sogenannte Princip der kleinsten Action seine Aufmerksamkeit fesselte, die Theorie der Elektrodynamik auch aus diesem abgeleitet. Er hat auch in seinen 'Folgerungen aus MAXWELL's Theorie über die Bewegungen des reinen Äthers' unter der Voraussetzung, dass der reine Äther eine reibungslose, incompressible Flüssigkeit ohne Beharrungsvermögen sei, gefunden, dass die von MAXWELL aufgestellten, von HERTZ vervollständigten Gesetze in der That geeignet seien, Aufschluss über die im Äther auftretenden Bewegungen zu geben.

Wenn wir endlich noch hinzufügen, dass HELMHOLTZ eine den Schwankungen des Erdmagnetismus entzogene elektrodynamische Wage construirte, zu der hin und von der fort in sinnreicher Weise Streifen von Rauschgold die Ströme leiteten, so dürfte das Vorige bei aller Unvollkommenheit wohl für ein ziemlich vollständiges Bild von HELMHOLTZ' elektrischen Arbeiten gelten. Dabei konnte dieser aber nicht stehen bleiben. Es liegt in der Natur der Dinge, dass, wie er die Rolle der Elektricität in den chemischen Vorgängen aufgeklärt hatte, er ebenso, und noch viel unmittelbarer, die der Wärme in den Kreis seiner Betrachtungen ziehen musste. Die von CLAUSIUS vervollständigte mechanische Wärmetheorie führt er in die Theorie der chemischen Vorgänge ein.

4*

Er lehrt dabei die in's Spiel kommende gesammte innere Energie eines körperlichen Systemes in zwei Theile trennen, in die freie und die gebundene Energie, von denen die erste freier Verwandlung in reversible Arbeitsformen fähig ist, die zweite als zum Theil irreversible Wärme zu Tage treten muss. Seine Bestimmungen entsprechen im Allgemeinen den von CLAUSIUS aufgestellten Begriffen der Energie und der Entropie, und CLAUSIUS' Ergal heisst bei HELMHOLTZ die Quantität der Spannkräfte. Doch es ist unmöglich, bei dieser Gelegenheit tiefer in diese äusserst schwierigen und verwickelten Dinge einzugehen. Es genüge, daran zu erinnern, dass diese unscheinbaren Ermittelungen es sind, welche schliesslich zu der schon oben angedeuteten tragischen Einsicht führen, dass die Welt, wenn auch erst nach unendlicher Zeit, als ein Eisklumpen von einer nur unendlich wenig über dem absoluten Nullpunkt erhabenen Temperatur enden werde.

Von hier ab fehlt es noch mehr als bisher an einem die HELMHOLTZ'schen Arbeiten stetig verknüpfenden Faden, und wir gehen ohne weiteres zu einigen seiner Leistungen im Gebiete der allgemeinen Physik über. An ihrer Spitze steht die berühmte Abhandlung über Integrale der den Wirbelbewegungen entsprechenden hydrodynamischen Gleichungen, durch welche er unstreitig einen der ersten Plätze unter den Physico-Mathematikern aller Zeiten einnahm, und eine Fülle wunderbarer Thatsachen an's Licht zog, die dadurch noch bedeutsamer erscheinen, dass zwischen den Wirbelbewegungen des Wassers und den elektromagnetischen Wirkungen elektrischer Ströme eine auffallende Analogie stattfindet. Wirbellinien nennt er Linien, welche durch die Flüssigkeitsmasse so gezogen sind, dass ihre Richtung überall mit der Richtung der augenblicklichen Rotationsaxe der in ihnen liegenden Wassertheilchen zusammentrifft. Wirbelfäden nennt er dann Theile der Wassermasse, welche man dadurch aus ihr herausschneidet, dass man durch alle Punkte des Umfanges eines unendlich kleinen Flächenelementes die entsprechenden Wirbellinien construirt. Die Wirbelfäden müssen innerhalb der Flüssigkeit in sich zurücklaufen, endigen können sie nur an deren Grenzen. Geschieht das erstere, so entstehen in reibungsloser Flüssigkeit Wirbelringe, in welchen die lebendige Kraft der Zeit nach constant ist. Haben zwei Wirbelringe gleiche Axe und Rotationsrichtung, so schreiten sie beide in gleichem Sinne fort; es wird der vorangehende sich erweitern, dann langsamer fortschreiten, der nachfolgende sich verengern, dann schneller fortschreiten, schliesslich bei nicht zu verschiedener Fortpflanzungsgeschwindigkeit den anderen einholen, ja durch ihn hindurchgehen. Dann wird sich dasselbe Spiel mit dem anderen wiederholen, so dass die Ringe abwechselnd der eine durch den anderen hindurchgehen. Haben die Wirbelringe gleiche Radien, gleiche und entgegengesetzte Rotationsgeschwindigkeit, so werden sie sich einander nähern und sich gegenseitig erweitern, so dass schliesslich ihre Bewegung gegen einander immer schwächer wird, die Erweiterung dagegen mit wachsender Geschwindigkeit geschieht.

Wegen einiger Punkte in dieser Darlegung wurde HELMHOLTZ von dem Pariser Akademiker Hrn. BERTRAND mehrfach angegriffen, es ward ihm aber leicht, nachzuweisen, dass dessen Kritik nur auf Missverständnissen beruhe. Besser erging es seinen Ergebnissen in England. Lord KELVIN gründete nämlich auf die von HELMHOLTZ eingeführte Vorstellung der Wirbelringe eine eigene Theorie der Constitution der Materie. Er stellte sich vor, dass die Atome kleinste, von Ewigkeit her und in Ewigkeit fort sich drehende Wirbelringe seien, und dass die chemische Verschiedenheit der Atome darin bestehe, dass wir es in ihnen mit verschiedentlich geknoteten Wirbelringen zu thun haben. Wir werden später sehen, wie merkwürdig HELMHOLTZ selber Lord KELVIN's Auffassung auszugestalten versuchte.

In einer besonderen Abhandlung über discontinuirliche Flüssigkeitsbewegungen geht HELMHOLTZ aus von der oben erwähnten Übereinstimmung zwischen den hydrodynamischen Gleichungen und den für stationäre Ströme von Elektricität oder Wärme bestehenden, und sucht die trotz dieser scheinbaren Analogie doch vorhandenen, in vielen Fällen leicht erkennbaren und sehr eingreifenden Unterschiede auf, welche sich namentlich auffallend zeigen, wenn die Strömung durch eine Öffnung mit scharfen Rändern in einen weiteren Raum eintritt.

Eine andere für die hydrodynamischen Theorien grundlegende Forderung war die genauere Bestimmung der Reibung tropfbarer Flüssigkeiten. HELMHOLTZ unternahm diese in zwei Arbeiten, deren eine sich die Vervollkommnung der Theorie der stationären Ströme in reibenden Flüssigkeiten vorsetzt, die andere, bei welcher Dr. G. von Piotrowski ihm experimentell zur Seite stand, die Frage nach den Vorgängen an der Grenze der Flüssigkeit und der sie umschliessenden Wandungen näher in's Auge fasst. Diese Untersuchung geschah, indem eine mit verschiedenen Flüssigkeiten gefüllte, innen polirte und vergoldete Kugel mittels eines besonderen Apparates in reine Schwingungen um ihre senkrechte Aufhängungsaxe versetzt, und die durch die Flüssigkeit bewirkte Verzögerung der mit Spiegel und Fernrohr beobachteten Schwingungen gemessen wurde. Leider zeigte der Erfolg, dass die gewöhnliche, durch Poiseuille's Versuche an sehr langen und dünnen Röhren scheinbar bestätigte Annahme, wonach die oberflächlichste Schicht der Flüssigkeit den Wänden des Gefässes fest anhaftet, für die wässerigen Flüssigkeiten in polirten und vergoldeten Metallgefässen nicht zutrifft, während dies für Alkohol und Äther allerdings nahehin der Fall ist.

Zu den Überraschungen, welche man beim Durchmustern der Helmholtz'schen Arbeiten erfährt, gehört es wohl, dass man den Mathematiker und Experimentator, den wir bisher in ihm kennen gelernt haben, plötzlich der geographischen Physik und der Meteorologie mit gleicher Liebe und Meisterschaft sich zuwenden sieht. Seine erste Leistung in diesem Sinne betrifft das Eis und die Gletscher, und sie verdankt ihre Entstehung sichtlich zweierlei Umständen, erstens den von Helmholtz unternommenen Gletscherwanderungen, zweitens den gerade damals aufgestellten Gletschertheorien, und den daran sich knüpfenden Erörterungen über die Eisbildung. Faraday hatte entdeckt, dass zwei an einander gepresste Eisstücke von Null Grad zusammenfrieren und sich fest vereinigen, und James Thomson hatte dies durch die Erniedrigung des Gefrierpunktes erklärt, welche nach ihm den Druck begleitet. Es entstand aber die Schwierigkeit, dass Faraday die *Regelation* auch bei sehr kleinem Drucke, freilich erst im Laufe einiger Stunden, eintreten sah. Diese Thatsachen waren von hohem Interesse, indem dadurch die von Rendu, Forbes, Tyndall erkannte Ähnlichkeit der Bewegung der Gletscher mit einem Strome zähflüssiger Substanz ihre Erklärung zu finden schien. Durch eine Reihe von zweckmässig ersonnenen Versuchen, in welchen gefrorenes Wasser in allen erdenklichen Zuständen verschiedenem Druck ausgesetzt wurde, gelang es Helmholtz, das Entstehen des charakteristischen Gletschereises aus dem Firn mit überzeugender Treue nachzuahmen.

Die Abhandlung über ein Theorem, geometrisch ähnliche Bewegungen flüssiger Körper betreffend, nebst Anwendung auf das Problem, Luftballons zu lenken, knüpft noch an die Hydrodynamik an, indem sie lehrt, an einer Flüssigkeit und an Apparaten von gewisser Grösse und Geschwindigkeit gewonnene Beobachtungsresultate zu übertragen auf eine geometrisch ähnliche Masse einer anderen Flüssigkeit und Apparate von anderer Grösse und anderer Bewegungsgeschwindigkeit, beispielsweise aus den Bewegungen eines Schiffes auf die eines Luftballons zu schliessen. Vögel anlangend, erscheint es wahrscheinlich, dass im Modell der grossen Geier die Natur schon die Grenze erreicht habe, welche mit Muskeln, als arbeitleistenden Organen, und bei möglichst günstigen Bedingungen der Ernährung, für die Grösse eines Geschöpfes erreicht werden kann, dass sich durch Flügel selber heben und längere Zeit in der Höhe erhalten soll. Unter diesen Umständen ist es nach Helmholtz kaum als wahrscheinlich zu betrachten, dass der Mensch auch durch den allergeschicktesten flügelähnlichen Mechanismus, den er durch seine eigene Muskelkraft zu bewegen hätte, in den Stand gesetzt werden würde, sein eigenes Gewicht in die Höhe zu heben und dort zu erhalten. Neuere Versuche von Hrn. S. P. Langley und Hrn. O. Lilienthal über den Luftwiderstand wenig geneigter ebener Flächen bei starker horizontaler Bewegung lassen jedoch diesen Schluss vorläufig noch als nicht ganz unbedenklich erscheinen.

Die Reihe von Helmholtz' meteorologischen Arbeiten beginnt mit einem gemeinfasslichen Vortrage über 'Wirbelsturm und Gewitter', der aber zur Erläuterung des Vorgangs der Bildung von Wirbelstürmen einen merkwürdigen schematischen Versuch enthält, in welchem durch eine kreisende Wassermasse eine senkrechte, mit Luft gefüllte Röhre sich bildet, genau von der Form, in der man die Wasserhosen darzustellen pflegt. Demnächst hat es den Anschein, als hätte eine zufällig vom Gipfel des Rigi aus Helmholtz sich darbietende Wolken- und Gewitterbildung seine Aufmerksamkeit diesen Naturerscheinungen zugelenkt. Zwei gewaltige Abhandlungen 'über atmosphärische Bewegungen' und eine dritte über 'die Energie der Wogen und des Windes' enthalten in meist streng mathematischer Form die Ergebnisse, zu denen HELMHOLTZ gelangte, und welche hier nicht näher dargelegt werden können. Der Grundgedanke ist indessen der, dass eine ebene Wasserfläche, über die ein gleichmässiger Wind hinstreicht, sich in einem Zustande labilen Gleichgewichtes befindet, und dass die Entstehung von Wasserwogen wesentlich diesem Umstande zuzuschreiben ist. Der gleiche Vorgang muss sich auch an der Grenze verschieden schwerer und an einander entlang gleitender Luftschichten wiederholen, hier aber viel grössere Dimensionen annehmen. Da wir bei den am Erdboden vorkommenden mässigen Windstärken oft genug Wellen von einem Meter Länge haben, so würden dieselben Wellen in die Luftschichten von 10^0 Temperaturdifferenz übersetzt, 2 bis 5^{km} Länge erhalten. Grösseren Meereswellen von 5 bis 10^{m} würden Luftwellen von 15 bis 30^{km} entsprechen, die schon das ganze Firmament des Beschauers bedecken könnten. An den Grenzflächen verschieden schwerer Luftschichten müssen dergleichen Wellensysteme ausserordentlich häufig vorkommen, wenn sie uns auch in den meisten Fällen unsichtbar bleiben. Der Vorgang wird gelegentlich nur sichtbar durch die gestreiften Cirruswolken, welche sich zeigen, wenn an der Grenze der beiden Schichten Nebel niedergeschlagen werden. Unter solchen Bedingungen, wo wir Wasserwellen branden und Schaumköpfe bilden sehen, werden zwischen den Luftschichten sich ausgiebige

Mischungen herstellen müssen. Um uns Helmholtz' wissenschaftliche Gestalt vollständig zu vergegenwärtigen, darf übrigens nicht unerwähnt bleiben, dass er die Meteorologie keineswegs so zu sagen am Schreibtische trieb, sondern beispielsweise es nicht verschmähte, auf dem Cap d'Antibes mit einem kleinen tragbaren Anemometer selber Beobachtungen über Windstärke und Wellengang anzustellen, und seine Formeln mit der Wirklichkeit zu vergleichen.

Diese Arbeiten von Helmholtz sind die letzten, welche im engeren Sinne als naturwissenschaftlich bezeichnet werden können, insofern darin von Darstellung, Beobachtung und Deutung von Naturerscheinungen die Rede ist. Es folgen nun zunächst fünf Studien zur Statik monocyklischer Systeme, welche lediglich analytisch-mechanischen Inhaltes sind. Monocyklische Systeme sind solche, in deren Innerem eine oder mehrere stationäre, in sich zurücklaufende Bewegungen vorkommen, die aber, wenn deren mehrere sind, nur von Einem Parameter abhängen. Das Hauptinteresse solcher Untersuchungen liegt darin, dass auch die Wärmebewegung, wenigstens in ihren nach aussen beobachtbaren Wirkungen, die wesentlichen Eigenthümlichkeiten eines monocyklischen Systemes zeigt, und dass namentlich die beschränkte Verwandlungsfähigkeit der in die Form von Wärme übergegangenen Arbeitsäquivalente unter gewissen Bedingungen auch für die Arbeit der monocyklischen Systeme gilt.

Denselben analytisch-mechanischen Charakter haben

die Aufsätze 'über die physikalische Bedeutung' und 'zur Geschichte des Princips der kleinsten Action'. Dies von MAUPERTUIS aufgestellte Princip besagt, dass das von LEIBNIZ Action genannte Product aus der Zeit in die lebendige Kraft stets ein Minimum sei, so dass man aus der Bedingung für das Minimum Bahn und Geschwindigkeit der bewegten Masse eindeutig erhalte. MAUPERTUIS legte indess seinem Principe eine ungemeine Wichtigkeit ganz anderer Art bei, indem er darin den sichersten und unwiderleglichsten Beweis für das Dasein Gottes erblickte. Er vermochte aber nicht einmal einen mathemathisch stichhaltigen Beweis für das Princip zu geben, welches somit, wie seiner Zeit das Princip der Erhaltung der Energie, lange unter dem Vorurtheile litt, dass es nur eine halb metaphysische Fiction sei. Zwar hatte eine Reihe von Mathematikern ersten Ranges, von EULER bis zu JACOBI, sich schon bemüht, es correct zu gestalten. Es ist aber ein eigenes Zusammentreffen, dass es HELMHOLTZ, der schon dem Principe der Erhaltung der Energie solchen Dienst leistete, vorbehalten war, nun auch noch dem Principe der kleinsten Action die höchste Weihe zu ertheilen.

Was uns jetzt noch von HELMHOLTZ' Arbeiten zu betrachten bleibt, führt uns wieder in ein ganz neues, diesmal sogar dem gewöhnlichen Naturforscher einigermaassen fremdes Gebiet, in welchem aber jener sich mit gleichem Vermögen und gleichem Behagen bewegt, wie vorhin in der Mechanik, der Physik, der Physiologie: in das Gebiet der Erkenntnisstheorie. Auf dreifachem

Wege kam er dazu, sich damit zu beschäftigen. Einmal, indem er den Ursprung der richtigen Deutung unserer Sinneseindrücke als blosser Zeichen, nicht etwa Abbilder, der äusseren Gegenstände klarzulegen suchte. Dann, indem er die der Geometrie zu Grunde liegenden Thatsachen auf die Richtigkeit der ihnen als Axiome zugeschriebenen Bedeutung prüfte. Endlich, indem er in dem Aufsatze über 'Zählen und Messen erkenntnisstheoretisch betrachtet' das Nämliche mit den Axiomen der Arithmetik vornahm. Wie in dem Vorigen das Princip der Erhaltung der Energie uns stets als sicherer Leitfaden durch HELMHOLTZ' Gedankenwege diente, so fehlt es auch in diesem Abschnitt nicht an einem ähnlichen Führer. Der diese Untersuchungen beherrschende Gedanke ist die empiristische Weltanschauung, welcher HELMHOLTZ huldigt, im Gegensatze zu der von ihm verworfenen nativistischen. Es ist dies derselbe Gegensatz, der schon im siebzehnten Jahrhundert zwischen der LEIBNIZ'schen praestabilirten Harmonie und dem LOCKE'schen Sensualismus bestand, dem aber dann KANT eine entschiedene Wendung zu Gunsten der ersteren Lehrmeinungen gab. Der Königsberger Weltweise behauptete bekanntlich, dass seine zwölf Kategorien des Verstandes, insbesondere das Causalgesetz, dass die Anschauung der Zeit, des Raumes mit seinen drei Dimensionen, und die geometrischen Axiome, transcendentalen Ursprunges, dass sie uns *a priori* vertraute, eingeborene Einsichten seien. Gegen diesen von ihm sogenannten Nativismus erhob sich HELMHOLTZ sichtlich aus dem Grunde, dass er einen supernaturalistischen Ursprung voraussetze, und somit gegen jenes erste, in der 'Erhaltung der Kraft' von ihm an die Spitze gestellte Princip verstosse, »dass die Wissenschaft, deren Zweck es ist, die Natur zu begreifen, von der Voraussetzung ihrer Begreiflichkeit ausgehen müsse«. Er zieht also vor, sich zu denken, dass das neugeborene Thier, dass der Säugling durch die zunächst ganz zufälligen und zwecklosen Bewegungen seiner Gliedmaassen und Sinnesorgane und die dadurch bewirkten Veränderungen von Sinneseindrücken zur Vorstellung der Aussenwelt gelange. Übrigens bemerkt er, dass der einzige Einwurf, der gegen die empiristische Erklärung »vorgebracht werden könnte, die Sicherheit der Bewegung vieler neugeborener oder eben aus dem Ei gekrochener Thiere ist. Je weniger geistig begabt dieselben sind, desto schneller lernen sie das, was sie überhaupt lernen können ...... Das neugeborene menschliche Kind dagegen ist zum Sehen äusserst ungeschickt, es braucht mehrere Tage, ehe es lernt, nach dem Gesichtsbilde die Richtung zu beurtheilen, nach der es den Kopf wenden muss, um die Brust der Mutter zu erreichen. Junge Thiere sind allerdings von individueller Erfahrung viel unabhängiger. Was aber dieser Instinct ist, der sie leitet, ob directe Vererbung von Vorstellungskreisen der Eltern möglich ist, ... darüber wissen wir Bestimmtes noch so gut wie nichts«.

Eine hierher gehörige Betrachtung scheint aber Helmholtz entgangen zu sein. Vielleicht hat in unserer

Übersicht seiner Arbeiten der Eine oder Andere mit Befremden eine Äusserung über das grösste in diesem Zeitraum die Biologie bewegende Ereigniss vermisst: über DARWIN's Theorie des Ursprunges der Arten. Nun, wo immer dazu Gelegenheit war, hat HELMHOLTZ nicht versäumt, sogar eifriger als es sonst seine Art ist, sein Einverständniss mit der neuen Lehre und seine Bewunderung der Grossthat des Britischen Forschers und Denkers an den Tag zu legen. Hier jedoch, in der Streitfrage zwischen Nativismus und Empirismus, dürfte er die durch den Darwinismus herbeigeführte Veränderung der Sachlage übersehen oder doch nicht gebührend gewürdigt haben. Denn so bedenklich der Nativismus klingt, wenn er so verstanden wird, dass eine Generation auf die nächstfolgende unmittelbar der Wirklichkeit entsprechende Vorstellungen vererbe, so annehmbar gestaltet er sich, wenn man eine allmähliche Entwickelung durch eine beliebig ausgedehnte Reihe von Geschlechtern zu Hülfe nimmt. Dies ist die von Herrn HERBERT SPENCER und dem Redner unabhängig von einander vorgeschlagene Versöhnung zwischen Nativismus und Empirismus, welche mindestens ebenso berechtigt erscheint, wie nach Darwinistischen Principien die Entstehung eines Auges oder Ohres. Von supernaturalistischer Einmischung ist dabei keine Rede mehr. Viel schwieriger als solch nativistisches Werden einer Thierseele ist es jedenfalls, sich empiristisch vorzustellen, wie ein eben erst der Larve entschlüpfter Schmetterling in der kurzen Frist seines neubewussten Daseins den Raum mit seinen drei Dimensionen, die

Gravitation, den Luftwiderstand, das Aussehen der ihm vortheilhafte Gelegenheiten darbietenden Blumen erfahrungsmässig erkennen solle. Seine Erlebnisse als Raupe werden ihm dabei kaum von Nutzen sein. Und da Helmholtz selber geneigt scheint, in dieser Art von Thatsachen eine Schwierigkeit für den Empirismus anzuerkennen, so wird es vielleicht am Platze sein, weiter zu fragen, wie das Menschenkind während der ersten drei Lebensmonate, von denen es, wohl bemerkt, etwa elf Zwölftel schlafend verbringt, — des dummen Vierteljahres, wie unsere Wärterinnen es nennen —, den Gebrauch seiner Augen und Hände durch Tastversuche sich aneignen könne, die, um es zu belehren, eigentlich die Vorstellungen schon voraussetzen, welche sie nach der empiristischen Theorie erst erwecken sollen. Womit nicht gesagt sein soll, dass es nicht Fälle gebe, in denen der empiristischen Auffassung der Vorzug mit vollem Rechte gebühre. Es wird ja wohl hier, wie an so vielen Stellen, das Vorsichtigste und Richtigste sein, wenn man beide Vorstellungsweisen im Auge behält und nach den Umständen bald der einen, bald der anderen den Vorzug schenkt.

Der besondere Gesichtspunkt nunmehr, aus welchem Helmholtz die beiden Weltanschauungen einander vergleichend gegenüberstellt, und auf ihre Berechtigung prüft, ist die oben schon erwähnte Kant'sche Auffassung des Raumes und der geometrischen Axiome. Zunächst führt er an die Stelle der üblichen geometrischen Betrachtungsweise, welche mancherlei Täuschungen ausgesetzt ist, die analytische Behandlung ein, aus der sich eine neuere rechnende Geometrie ergiebt. Sodann wird gezeigt, dass aus Thatsachen wie die Selbstverständlichkeit der Axiome und die Unmöglichkeit, uns eine vierte Dimension vorzustellen, keineswegs auf den transcendentalen, aprioristischen Ursprung unserer Anschauungen zu schliessen sei. Man kann sich nämlich verstandbegabte Wesen denken, welche, anstatt in einem dreidimensionalen Raume, auf der Oberfläche irgend eines unserer festen Körper lebten und nicht die Fähigkeit hätten, irgend etwas ausserhalb dieser Oberfläche wahrzunehmen, wohl aber vermöchten, den unserigen ähnliche Wahrnehmungen innerhalb der Ausdehnung der Fläche zu machen, in der sie sich bewegen. Wenn sich solche Wesen ihre Geometrie ausbildeten, so würden sie ihrem Raume natürlich nur zwei Dimensionen zuschreiben. Sie würden in diesem Raume, den wir uns im einfachsten Falle als eine unendliche Ebene denken können, gewisse Axiome unseres Raumes auffinden und für angeborene Einsichten halten, wie dass zwischen zwei Punkten nur eine Gerade, durch einen dritten Punkt nur eine Parallele mit jener möglich sei, u. s. w. Aber sie würden von einem weiteren räumlichen Gebilde, was entstände, wenn eine Fläche sich aus ihrem flächenhaften Raume herausbewegte, sich ebensowenig eine Vorstellung machen können, als wir es können von einem Gebilde, das durch Herausbewegung aus dem uns bekannten Raume entstände. Man kann dergestalt neben unserer Geometrie, welche als die Euklidische zu bezeichnen ist, mehrere andere Geometrien entwickeln, welche die auf die Oberfläche bestimmter räumlichen Gebilde beschränkten intelligenten Wesen sich construiren würden: ausser jener der unendlichen Ebene entsprechenden, welche mit unserer Planimetrie zusammenfiele, eine sphaerische Geometrie, welche die gedachten Wesen auf einer Kugelfläche, eine pseudosphaerische Geometrie, welche sie auf einer sattelförmigen Fläche ersinnen würden u.d.m. Solche Nicht-Euklidische Geometrien sind schon vor längerer Zeit von Lobatschewskij in Kasan, später von Herrn Beltrami in Bologna ausgearbeitet worden, während von Gauss selber und dem früh verstorbenen Riemann der Grund zu den metamathematischen Untersuchungen gelegt wurde, in welchen neben unserem Raume von gekrümmten Räumen die Rede ist. Dieser Ideenkreis höchster mathematischer und erkenntnisstheoretischer Speculation ist es, aus welchem Helmholtz zu dem Schlusse gelangt, dass Kant's Annahme einer Kenntniss der Axiome transcendentaler Anschauung erstens eine unerwiesene, zweitens eine unnöthige, drittens eine für die Erklärung unserer Kenntniss der wirklichen Welt gänzlich unbrauchbare Hypothese ist. Der Raum kann übrigens transcendental sein, ohne dass es die Axiome sind, und das Causalgesetz ist wirklich ein *a priori* gegebenes transcendentales Gesetz, worin also Helmholtz von Johannes Müller abweicht, der gerade umgekehrt an dem Begriff der Causalität seine eigene empiristische Auffassung der Verstandeskategorien entwickelt.

Wir haben nunmehr einen zwar äusserst flüchtigen, übrigens ziemlich vollständigen Überblick über Helm-

HOLTZ' wissenschaftliches Lebenswerk erlangt, ausreichend, um das Eingangs Gesagte zu begründen, dass dies Werk von der physiologischen Anatomie bis zur Erkenntnisstheorie alles theoretisch Zugängliche umfasse, und haben dabei überall neben der feinsten Technik in Beobachtung und Versuch den Gipfel mathematischer und metaphysischer Befähigung zu bewundern gefunden. Um ein Beispiel solcher unerhörten Allseitigkeit im Wissen und Können anzutreffen, muss man um zwei Jahrhunderte, bis zu den Riesengestalten eines LEIBNIZ, eines DESCARTES zurückgehen, wobei aber zu bemerken ist, wie unvergleichlich reicher und bunter, und also schwieriger zu bewältigen seit deren Tagen der Inhalt der Wissenschaft ward. Von denen, die es vergeblich unternahmen, die unermessliche Reihe von HELMHOLTZ' Schöpfungen in den drei Bänden seiner gesammelten wissenschaftlichen Abhandlungen sich anzueignen, wird vielleicht mancher DIDEROT's Empfindung theilen, der von LEIBNIZ sagt: »Wenn man auf sich zurückkehrt, und die Talente, die man empfing, mit denen eines LEIBNIZ vergleicht, wird man versucht, die Bücher von sich zu werfen und in irgend einem versteckten Weltwinkel ruhig sterben zu gehen.« Und doch geben diese streng wissenschaftlichen Aufsätze, von deren Seiten Differentialgleichungen und Integrale einer grossen Mehrzahl von Lesern abschreckend entgegenstarren, von HELMHOLTZ' geistiger Productionskraft noch keine entsprechende Vorstellung. Denn nebenher läuft damit vielfach eng zusammenhängend eine Reihe gemeinfasslicher Vorträge und

5*

Reden, welche bei verschiedenen Gelegenheiten bald hier, bald dort gehalten, in willkommener Weise die Ergebnisse jener schwierigen Darlegungen vor Augen führen. Von einigen unter ihnen ist im Obigen schon die Rede gewesen; von anderen, wie 'über die Natur der menschlichen Sinnesempfindungen', 'über das Sehen des Menschen', 'über das Verhältniss der Naturwissenschaften zur Gesammtheit der Wissenschaften', 'über die Axiome der Geometrie', 'über die Thatsachen in der Wahrnehmung', 'Optisches über Malerei', können hier nur die Titel angeführt werden. Noch andere, wie die Rede 'zum Gedächtniss an GUSTAV MAGNUS', die Rectoratsrede 'über die akademische Freiheit der deutschen Universitäten', die 'Rede beim Empfang der GRAEFE-Medaille', die 'bei der hundertjährigen Gedenkfeier von JOSEPH FRAUNHOFER's Geburt', die Rede 'über GOETHE's naturwissenschaftliche Arbeiten' vom Jahre 1853, die 'über GOETHE's Vorahnungen kommender naturwissenschaftlicher Ideen' vom Jahre 1892, — stehen mehr selbständig da. Darunter werden naturgemäss die beiden letztgenannten am meisten anziehen, mit um so grösserem Rechte, als sie, von verschiedenen Gesichtspunkten aus, über den Dichter als Naturforscher zu weit aus einander gehenden Urtheilen gelangen. Denn während in der ersten Rede HELMHOLTZ mit dem Verfasser der Farbenlehre und fanatischen Gegner NEWTON's in's Gericht geht, preist er in der zweiten ebenso rückhaltlos den prophetischen Scharfblick, mit welchem GOETHE die grossen Grundgedanken der vergleichenden Anatomie erfasste und ihre Folgerungen voraussah. In allen diesen Aufsätzen, welche zwei ansehnliche Bände füllen, erfreuen nicht minder die durch tiefste Sachkenntniss ermöglichten sinnreichen Gedankenwendungen, wodurch die schwierigsten Combinationen leicht verständlich werden, als der stets völlig natürliche, gelenkige und doch klangvolle Stil.

Wer nun von HELMHOLTZ nur als Gelehrtem wüsste, tröstete sich vielleicht, um den allzu peinlichen Eindruck einer so überwältigenden Überlegenheit einigermaassen zu mildern, mit der Vorstellung, jener habe, um Kraft und Musse für eine solche Fülle vollendeter Leistungen zu erübrigen, so zu sagen nichts Anderes zu thun gehabt, mit anderen Worten, er habe stets ruhig bei der Stange bleiben können, wie man sich dies von manchem deutschen Universitätslehrer, im Auslande etwa von einem CUVIER, BERZELIUS, FARADAY zu denken geneigt ist. Allein dies wäre ein vollkommener Irrthum, wie sich alsbald ergiebt, wenn man, wozu es jetzt an der Zeit ist, HELMHOLTZ' äussere Lebensschicksale in Augenschein nimmt.

Wir verliessen den Dr. HERMANN HELMHOLTZ, als soeben promovirten Zögling des medicinisch-chirurgischen Friedrich Wilhelms-Institutes, und müssen ihm zunächst, als Charité-Chirurgus in das bekannte grosse Krankenhaus, das Jahr darauf, im October 1843, als Escadron-Chirurgus in die Caserne des Königlichen Leib-Garde-Husaren-Regimentes in Potsdam folgen. Hier führte er

1845 seine Versuche über den Stoffverbrauch bei der Muskelaction aus, wozu ich ihm eine von HALSKE mit eigner Hand für mich zu einer unterbliebenen Malapterurus-Reise gebaute tragbare Wage hinüberbrachte. Am 1. Juni 1847 wurde er in das Königliche Regiment der *Gardes-du-Corps*, gleichfalls in Potsdam, versetzt. In dieser Stellung hielt er im Juli desselben Jahres in der Physikalischen Gesellschaft den epochemachenden Vortrag über Erhaltung der Kraft. Ein Jahr später, am 30. September 1848, hatte er so volle sechs Jahre als Militärarzt gedient und es bis zum Oberarzt gebracht. Inzwischen hatte das Revolutionsjahr eine glückliche Veränderung in seiner Lage herbeigeführt, wenn auch nicht durch seine politische Bewegung. Doch giebt es einen Begriff von den damaligen Stimmungen, dass nach dem 18. März unser Freund von Potsdam herüberkam, um nach BRÜCKE und mir zu sehen, und durch Kuss und Händedruck seine tiefe Erregung verrieth.

BRÜCKE, welcher Lehrer der Anatomie bei der Akademie der Künste und Assistent an der anatomisch-zootomischen Sammlung war, erhielt nun aber einen Ruf als BURDACH's Nachfolger für die Professur der Physiologie und Allgemeinen Pathologie in Königsberg. Da mein Vater die Güte hatte, trotz seinen beschränkten Vermögensverhältnissen, mich, ohne auf praktische Ziele zu drängen, in meinen thierisch-elektrischen Untersuchungen gewähren zu lassen, und ich somit für den Augenblick genügend versorgt schien, so wurde unter uns verabredet, dass HELMHOLTZ BRÜCKE's Stellen erhalten sollte. Es kostete wenig Mühe, um mit Hülfe des damals über die Berliner wissenschaftlichen Geschicke waltenden guten Genius ALEXANDER's VON HUMBOLDT, HELMHOLTZ von seinen noch übrigen drei pflichtmässigen Dienstjahren zu befreien und ihn an BRÜCKE's Stelle bei der Kunstakademie und der anatomisch-zootomischen Sammlung unterzubringen. Die Akademie und JOHANNES MÜLLER waren es zufrieden; allein der Zustand wurde nicht von Dauer, denn schon ein Jahr später erhielt BRÜCKE den für seine ganze Laufbahn entscheidenden Ruf als Professor der Physiologie nach Wien, HELMHOLTZ folgte ihm 1849 auch in seiner Königsberger Stellung, und ich selber nahm nun seine hiesigen Stellungen ein. In Königsberg hatte HELMHOLTZ also als BURDACH's und BRÜCKE's Nachfolger Physiologie und Allgemeine Pathologie zu dociren. Dort war es, wo er mehrere seiner bedeutendsten Jugendarbeiten ausführte, die Geschwindigkeit des Nervenprincipes maass, die Muskelzuckung sich aufschreiben liess, den Augenspiegel erfand. Sieben Jahre später, 1856, als AUG. FRANZ JOS. KARL MAYER in Bonn die Professur der Physiologie und Anatomie niederlegte, ward HELMHOLTZ dessen Nachfolger. In dieser Stellung entstanden seine anthropotomischen Arbeiten über die Muskeln des Brustkastens und die Wirkungen der Muskeln des Armes. Aber schon das Jahr darauf, 1857, wurde er nach Heidelberg berufen, um die dort neubegründete Professur der Physiologie und die Leitung des physiologischen Institutes zu übernehmen. Sein dortiges Zusammenwirken mit HENLE als Anatomen,

Kirchhoff als Physiker, Bunsen als Chemiker war für die süddeutsche Universität eine Zeit des Glanzes, wie sie selten für irgend eine da war und nicht leicht wiederkehren wird. Aus Heidelberg sind die Vorreden zu den ersten Ausgaben des Handbuches der physiologischen Optik und der Lehre von den Tonempfindungen gezeichnet.

In Heidelberg war endlich Helmholtz eine rein physiologische Lehrthätigkeit, ohne anatomische, geschweige pathologische Beimischung zu Theil geworden, doch hatte er noch lange nicht die ihm durch das Geschick zugedachte Höhe erreicht. Im April 1870 starb Gustav Magnus, und die Professur der Physik an der Berliner Universität wurde frei. Als damaliger Rector der Universität erhielt ich von dem Minister von Mühler den ehrenvollen Auftrag mich nach Heidelberg zu begeben, und nach dem Beschluss der hiesigen philosophischen Facultät in erster Linie Kirchhoff, oder wenn dieser nicht zu haben wäre, Helmholtz für uns zu gewinnen. Kirchhoff wurde von der Grossherzoglich Badischen Regierung festgehalten, dagegen Helmholtz, dessen Wünschen der Minister mit dankenswerther Freigebigkeit entgegenkam, der unserige ward. So geschah das Unerhörte, dass ein Mediciner und Professor der Physiologie den vornehmsten physikalischen Lehrstuhl in Deutschland erhielt, und so gelangte Helmholtz, der sich selber einen geborenen Physiker nannte, endlich in eine, seinem specifischen Talente und seinen Neigungen zusagende Stellung, da er damals, wie er mir schrieb, gegen die Physiologie gleichgültig geworden war und eigentliches Interesse nur noch für die mathematische Physik hatte. Es versteht sich, dass er nach seiner Übersiedelung hierher aus einem auswärtigen Mitgliede der Akademie, was er seit dem 1. Juni 1870 war, statutenmässig am 1. April 1871 unser ordentliches Mitglied wurde.

Doch sollte noch einmal, und noch viel wesentlicher als bisher, seine Lage sich ändern. Es kam die Zeit, wo unser grosser Freund, Werner von Siemens, zum Theil mit eigenen, nur ihm möglichen riesigen Geldopfern, die Gründung einer Physikalisch-Technischen Reichsanstalt in Charlottenburg zuwege brachte. Nun war uns nicht unbekannt, dass Siemens immer mit Bedauern sah, wie Helmholtz einen grossen Theil seiner Zeit und Kraft, anstatt der Fortführung seiner unvergleichlichen Arbeiten, seinem Lehramte widmen musste; und so blieb uns auch nicht verborgen, dass er Helmholtz die Stelle eines Präsidenten jener Anstalt zugedacht hatte, als eine solche, welche ihn von jeder anderen, als einer wissenschaftlichen Thätigkeit befreien würde, eine Lage, wie nur ein reiner Akademiker sie sich als Ideal träumen könnte. Seine gute Absicht wurde aber nur unvollkommen erreicht. Da Helmholtz aus gewissen Gründen Universitätsprofessor bleiben musste, so musste er nothwendig auch noch Vorlesungen halten, wenn auch zwei Stunden wöchentlich genügten, um seine Verpflichtungen zu erfüllen. So las er bis zu seinem Tode kleinere Specialcollegia, wie über die mathematische Theorie der oscillatorischen Bewegungen, über die Theorie der Elektrodynamik, über mathematische Optik, über die mathematische Wärmetheorie u. d. m., welche stenographirt eine höchst werthvolle Ergänzung zu seinen systematischen Schriften bilden. Dann aber liegt es in der Natur der Dinge, dass der Präsident eines so umfangreichen, vielfach gegliederten, zum Theil den Charakter einer Unterrichtsanstalt, zum Theil den einer Fabrik tragenden Institutes mit einem Personal von fünfzig Beamten, eine gewaltige Menge von täglich sich erneuernden Verwaltungsgeschäften zu erledigen hat, welche weit entfernt HELMHOLTZ im Vergleich zu seinen bisherigen Beschäftigungen eine Erleichterung zu gewähren, durch ihre Neuheit und Fremdartigkeit ihn vielmehr erst recht belasteten. Dieser Übergang von HELMHOLTZ zu dem ihm von SIEMENS geschaffenen Wirkungskreise fand im October 1887 statt. Drei Jahre später, den 13. December 1890, gab er eine ‘Denkschrift über die bisherige Thätigkeit der Physikalisch-Technischen Reichsanstalt’ heraus, die, zur Kenntnissnahme durch den Reichstag bestimmt, Zeugniss davon ablegt, mit welchem Eifer und welcher Thatkraft er auch in dieser Stellung allen Anforderungen zu genügen vermochte. Diese Denkschrift, zweiundzwanzig enggedruckte Seiten stark, zerfällt, wie die Reichsanstalt selber, in zwei Abtheilungen. Die erste, physikalische, umfasst Thermometrische Fundamentalarbeiten, und handelt unter dieser Aufschrift vom Normal-Quecksilberthermometer, der Auswahl der Röhren, der Herstellung der Theilung, der Abweichung der Capillare von der idealen Cylindergestalt, den Verbesserungen für den Fundamentalabstand und wegen des inneren und äusseren Druckes; dann von Barometrischen Untersuchungen, Ausdehnungsbestimmungen, Normalgewichten, Elektrischen Fundamentalarbeiten. Die zweite technische Abtheilung beschäftigt sich unter der Aufschrift 'Thermometrische Arbeiten' mit der Prüfung ärztlicher Thermometer, deren nahezu 25000 in den drei Jahren des Bestehens der Reichsanstalt von dieser geprüft und gestempelt worden waren; dann der Thermometer für wissenschaftliche und solcher für chemische Zwecke, der Alkoholthermometer für niedere Temperaturen. Es folgt die Prüfung von Quecksilberbarometern und Aneroiden, von Manometern und Petroleumprobern und von Schmelzringen, von elektrischen Messgeräthen, worüber eine besondere Bekanntmachung in der 'Zeitschrift für Instrumentenkunde' Auskunft giebt. Dann kommen auf Herstellung einer unveränderlichen Lichteinheit gerichtete photometrische Arbeiten, ebenso zur Erzeugung von Normal-Stimmgabeln geeignete Versuche, endlich auf Einführung einheitlicher Schraubengewinde abzielende Studien, die Anlauffarben der Metalle, Störungen der Libellen. Diese sehr unvollständige Aufzählung genügt wohl schon, um einen Begriff von der Art von Untersuchungen zu geben, welche HELMHOLTZ zur Abwechselung von seinen erkenntnisstheoretischen Speculationen jetzt gleichsam zur Pflicht gemacht wurden.

Bedarf es mehr, um das Irrthümliche der Meinung in's Licht zu stellen, dass er durch die ruhige und gleichmässige Natur seiner Berufsarbeiten in seiner productiven Thätigkeit begünstigt gewesen sei? Sieht man nicht, dass er im Gegentheil ungleich öfter als die meisten Universitätslehrer in die kraft- und zeitraubende Lage gekommen ist, nicht bloss Ort und Umgebung, sondern sogar Lehrauftrag und Natur seines Unterrichtes von Grund aus zu ändern? Das Geheimniss seiner dennoch auch in der Fülle der Erzeugnisse beispiellosen Productivität lag denn auch vielmehr, wie kaum gesagt zu werden braucht, in seinem unermüdlichen Fleisse und seiner Fähigkeit, eine ungeheure Mannigfaltigkeit von Thatsachen und Gedanken sich stets gegenwärtig und gleichsam zum Zugreifen und zum Verwerthen bereit zu halten.

Dass die letztere Eigenschaft, verbunden mit einer wissenschaftlichen Erfahrung und einem geistigen Überblick ohne Gleichen, ihn auch zu einem der wirksamsten Lehrer machte, versteht sich von sich selber. Auf dem Katheder wie im Laboratorium gab er in eindringlicher Weise das Beste, was er hatte, aber freilich mehr an die Minderzahl sich wendend, welche im Stande war, es zu empfangen und zu würdigen. Nie liess er, wozu es ihm doch an Gelegenheit nicht fehlte, Andere seine Überlegenheit peinlich fühlen, und es war nur deren eigene richtige Empfindung, wenn sie ihnen doch zum Bewusstsein kam.

Nichts wäre aber irriger, als sich nun vorzustellen, dass Helmholtz durch seine wissenschaftliche Thätigkeit völlig in Anspruch genommen gewesen sei. Neben dem Allen war er ein ganzer Mensch. Er hatte sich früh, 1849, in Potsdam mit Fräulein Olga von Velten verheirathet, die er aber kurz nach seiner Niederlassung in Heidelberg verlor. Von den beiden Kindern aus dieser Ehe starb die Tochter als Gattin des Professors der Geologie Hrn. Branco, der Sohn lebt in München als angesehener Techniker. 1861 schloss Helmholtz in Heidelberg eine neue Ehe mit Fräulein Anna von Mohl, aus der berühmten Württembergischen Gelehrten-Familie, welche nicht allein sein Leben fortan wieder verschönte, sondern auch durch ihre hervorragende Persönlichkeit sein Haus zu einem Mittelpunkte bedeutender Geselligkeit machte. Von den aus dieser Verbindung entsprossenen Kindern wurde ihm der ältere Sohn leider durch den Tod entrissen, als er eben anfing, als Physiker sich seines Namens würdig zu zeigen; durch eine Tochter ist seine enge Beziehung zu Werner von Siemens ein verwandtschaftliches Verhältniss geworden.

Helmholtz' Äusseres zu schildern, würde in diesem Kreise, dem er so lange angehörte, überflüssig sein. Der Mit- und Nachwelt wird es in Bildniss und Büste durch die besten Deutschen Künstler vergegenwärtigt und aufbewahrt. Für die, denen es fremd geblieben sein sollte, sei hier gesagt, dass er ganz seiner inneren Grösse entsprach. Ein fast übermächtiger Schädel, aber von reinster Form, barg das wundervolle Denkorgan, ein Paar herrlicher Augen liess nicht erkennen, welches gefährliche Maass von Anstrengung in subjectiven Versuchen es ohne Schaden ertragen hatte, während die untere Hälfte des bräunlichen Antlitzes durch die Kleinheit und Zierlichkeit die Feinheit seiner geistigen Neigungen spiegelte.

Er war von mehr als mittlerer Grösse, kräftigem Wuchs und edler Haltung, ein rüstiger Bergsteiger, und als Sohn der Havel ein tüchtiger Schwimmer. Weite Spaziergänge, an welche er in Potsdams schöner Umgebung durch seinen Vater früh gewöhnt worden war, hatten, wie er berichtet, für ihn noch eine andere als hygienische Bedeutung erlangt. Es war beim gemächlichen Steigen über waldige Berge in sonnigem Wetter, dass ihm über die ihn gerade beschäftigenden Probleme Aufschlüsse kamen, die ihm mit der Feder in der Hand am Schreibtische versagt blieben. Durch Reisen, welche sich gelegentlich bis über die Meerenge von Gibraltar und über den Atlantischen Ocean erstreckten, erhielt er sich frisch und seinen erstaunlichen Leistungen gewachsen. Wie die Natur, war auch die Kunst für ihn ein Element der Abspannung und des heiteren Genusses. Von seinem Sinn für Musik war schon oben die Rede, und zwar gehörte er zu Richard Wagner's Bewunderern. In der Malerei hatte er seine Freude an Böcklin's phantastischen Fischgestalten.

Von den unzähligen Auszeichnungen aller Art, welche ihm im In- und im Auslande von allen Seiten zu Theil wurden, seien schliesslich hier nur zwei erwähnt.

Des Kaisers und Königs Majestät verliehen HELMHOLTZ durch Erhebung in den Adelstand und durch Ernennung zum Wirklichen Geheimen Rathe die höchsten bürgerlichen Ehren und geruhten die Errichtung seines Standbildes auf öffentlichem Platze zu befehlen.

Die andere Ehrung, welche HELMHOLTZ in ihrer Art als die stolzeste erschien, die ihm erwiesen werden konnte, war die Gründung der internationalen Stiftung, welche bei der Königlichen Akademie der Wissenschaften seinen Namen trägt, und aus der in gemessenen Zeiträumen eine mit seinem Bilde und Namen bezeichnete Medaille einem hervorragenden Gelehrten und Forscher in einem seiner zahlreichen Arbeitsgebiete als Preis verliehen wird. Die jedesmalige Wahl des Preisträgers ist bis auf Weiteres HELMHOLTZ vorbehalten. Ich selber hatte so das unschätzbare Glück, aus HELMHOLTZ' eigener Hand das erste von ihm verliehene Exemplar seiner Medaille entgegennehmen zu dürfen.

Sein früher Tod, der am 8. September 1894 durch Hirnblutung ihn aus voller Schaffenskraft hinwegraffte, ist nicht bloss, wie Eingangs geschildert, als ein für die Wissenschaft unsagbarer Verlust, sondern sogar als nationales Unglück empfunden worden. Wir aber, die Königlich Preussische Akademie der Wissenschaften, sind es, welche dieser Verlust am schmerzlichsten trifft. Wir wissen am besten, was wir an ihm besassen, und was wir von ihm noch erhoffen durften. Der Glanz seines Namens bestrahlte unsere Körperschaft, der Ruhm alles dessen, was er vollbracht hatte, kam uns in ihm zu Gute.

Nichts verhindert uns zu träumen, dass, nachdem mit seiner Hülfe Licht und Elektricität als einerlei erkannt worden waren, es ihm auch noch glücken würde, das seit NEWTON scheinbar ewig dunkle Wesen der Gravitation in Etwas zu enthüllen.

Er ist nicht mehr. Nichts bleibt uns, als jener zweifelhafte Trost des Dichters: Er war unser. Wir werden nimmer seinesgleichen sehen; ja es ist die Frage, ob eine Gestalt, wie die seinige, je wieder zum Vorschein kommen kann.

Druck von Metzger & Wittig in Leipzig.

FSC
www.fsc.org
MIX
Papier | Fördert gute Waldnutzung
FSC® C083411

Zeitfracht Medien GmbH
Ferdinand-Jühlke-Straße 7
99095 Erfurt, Deutschland
produktsicherheit@kolibri360.de